U0328892

国家出版基金资助项目

现代数学中的著名定理纵横谈丛书

丛书主编　王梓坤

DISTRIBUTION OF PRIME NUMBERS AND GOLDBACH CONJECTURE

素数分布与Goldbach猜想

潘承洞 著

内容简介

本书共分6章,以素数分布与哥德巴赫猜想为中心,分别介绍了哥德巴赫猜想概述、整数的基本性质、素数分布、素数定理的初等证明、三素数定理、大偶数理论介绍.通过这些内容,将使读者对数论的研究内容有初步的了解,也将为数论的进一步研究奠定基础.

本书适合于高等学校数学及相关专业师生使用,也适合于数学爱好者参考阅读.

图书在版编目(CIP)数据

素数分布与 Goldbach 猜想/潘承洞著.—哈尔滨:哈尔滨工业大学出版社,2018.1

(现代数学中的著名定理纵横谈丛书)

ISBN 978-7-5603-6638-8

Ⅰ.①素…　Ⅱ.①潘…　Ⅲ.①素数 ②哥德巴赫猜想　Ⅳ.①O156.2

中国版本图书馆 CIP 数据核字(2017)第111862号

策划编辑　刘培杰　张永芹
责任编辑　张永芹　刘立娟
封面设计　孙茵艾
出版发行　哈尔滨工业大学出版社
社　　址　哈尔滨市南岗区复华四道街10号　邮编150006
传　　真　0451-86414749
网　　址　http://hitpress.hit.edu.cn
印　　刷　黑龙江艺德印刷有限责任公司
开　　本　787mm×960mm　1/16　印张9.5　字数100千字
版　　次　2018年1月第1版　2018年1月第1次印刷
书　　号　ISBN 978-7-5603-6638-8
定　　价　58.00元

代序

读书的乐趣

你最喜爱什么——书籍.

你经常去哪里——书店.

你最大的乐趣是什么——读书.

这是友人提出的问题和我的回答.真的,我这一辈子算是和书籍,特别是好书结下了不解之缘.有人说,读书要费那么大的劲,又发不了财,读它做什么?我却至今不悔,不仅不悔,反而情趣越来越浓.想当年,我也曾爱打球,也曾爱下棋,对操琴也有兴趣,还登台伴奏过.但后来却都一一断交,"终身不复鼓琴".那原因便是怕花费时间,玩物丧志,误了我的大事——求学.这当然过激了一些.剩下来唯有读书一事,自幼至今,无日少废,谓之书痴也可,谓之书橱也可,管它呢,人各有志,不可相强.我的一生大志,便是教书,而当教师,不多读书是不行的.

读好书是一种乐趣,一种情操;一种向全世界古往今来的伟人和名人求教的方法,一种和他们展开讨论的方式;一封出席各种活动、体验各种生活、结识各种人物的邀请信;一张迈进科学宫殿和未知世界的入场券;一股改造自己、丰富自己的强大力量.书籍是全人类有史以来共同创造的财富,是永不枯竭的智慧的源泉.失意时读书,可以使人重整旗鼓;得意时读书,可以使人头脑清醒;疑难时读书,可以得到解答或启示;年轻人读书,可明奋进之道;年老人读书,能知健神之理.浩浩乎!洋洋乎!如临大海,或波涛汹涌,或清风微拂,取之不尽,用之不竭.吾于读书,无疑义矣,三日不读,则头脑麻木,心摇摇无主.

潜能需要激发

我和书籍结缘,开始于一次非常偶然的机会.大概是八九岁吧,家里穷得揭不开锅,我每天从早到晚都要去田园里帮工.一天,偶然从旧木柜阴湿的角落里,找到一本蜡光纸的小书,自然很破了.屋内光线暗淡,又是黄昏时分,只好拿到大门外去看.封面已经脱落,扉页上写的是《薛仁贵征东》.管它呢,且往下看.第一回的标题已忘记,只是那首开卷诗不知为什么至今仍记忆犹新:

日出遥遥一点红,飘飘四海影无踪.

三岁孩童千两价,保主跨海去征东.

第一句指山东,二、三两句分别点出薛仁贵(雪、人贵).那时识字很少,半看半猜,居然引起了我极大的兴趣,同时也教我认识了许多生字.这是我有生以来独立看的第一本书.尝到甜头以后,我便千方百计去找书,向小朋友借,到亲友家找,居然断断续续看了《薛丁山征西》《彭公案》《二度梅》等,樊梨花便成了我心中的女英雄.我真入迷了.从此,放牛也罢,车水也罢,我总要带一本书,还练出了边走田间小路边读书的本领,读得津津有味,不知人间别有他事.

当我们安静下来回想往事时,往往会发现一些偶然的小事却影响了自己的一生.如果不是找到那本《薛仁贵征东》,我的好学心也许激发不起来.我这一生,也许会走另一条路.人的潜能,好比一座汽油库,星星之火,可以使它雷声隆隆、光照天地;但若少了这粒火星,它便会成为一潭死水,永归沉寂.

抄,总抄得起

好不容易上了中学,做完功课还有点时间,便常光顾图书馆.好书借了实在舍不得还,但买不到也买不起,便下决心动手抄书.抄,总抄得起.我抄过林语堂写的《高级英文法》,抄过英文的《英文典大全》,还抄过《孙子兵法》,这本书实在爱得狠了,竟一口气抄了两份.人们虽知抄书之苦,未知抄书之益,抄完毫末俱见,一览无余,胜读十遍.

始于精于一,返于精于博

关于康有为的教学法,他的弟子梁启超说:"康先生之教,专标专精、涉猎二条,无专精则不能成,无涉猎则不能通也."可见康有为强烈要求学生把专精和广博(即"涉猎")相结合.

在先后次序上,我认为要从精于一开始.首先应集中精力学好专业,并在专业的科研中做出成绩,然后逐步扩大领域,力求多方面的精.年轻时,我曾精读杜布(J. L. Doob)的《随机过程论》,哈尔莫斯(P. R. Halmos)的《测度论》等世界数学名著,使我终身受益.简言之,即"始于精于一,返于精于博".正如中国革命一样,必须先有一块根据地,站稳后再开创几块,最后连成一片.

丰富我文采,澡雪我精神

辛苦了一周,人相当疲劳了,每到星期六,我便到旧书店走走,这已成为生活中的一部分,多年如此.一次,偶然看到一套《纲鉴易知录》,编者之一便是选编《古文观止》的吴楚材.这部书提纲挈领地讲中国历史,上自盘古氏,直到明末,记事简明,文字古雅,又富于故事性,便把这部书从头到尾读了一遍.从此启发了我读史书的兴趣.

我爱读中国的古典小说,例如《三国演义》和《东周列国志》.我常对人说,这两部书简直是世界上政治阴谋诡计大全.即以近年来极时髦的人质问题(伊朗人质、劫机人质等),这些书中早就有了,秦始皇的父亲便是受害者,堪称“人质之父”.

《庄子》超尘绝俗,不屑于名利.其中“秋水”“解牛”诸篇,诚绝唱也.《论语》束身严谨,勇于面世,“己所不欲,勿施于人”,有长者之风.司马迁的《报任少卿书》,读之我心两伤,既伤少卿,又伤司马;我不知道少卿是否收到这封信,希望有人做点研究.我也爱读鲁迅的杂文,果戈理、梅里美的小说.我非常敬重文天祥、秋瑾的人品,常记他们的诗句:“人生自古谁无死,留取丹心照汗青”“休言女子非英物,夜夜龙泉壁上鸣”.唐诗、宋词、《西厢记》《牡丹亭》,丰富我文采,澡雪我精神,其中精粹,实是人间神品.

读了邓拓的《燕山夜话》,既叹服其广博,也使我动了写《科学发现纵横谈》的心.不料这本小册子竟给我招来了上千封鼓励信.以后人们便写出了许许多多的“纵横谈”.

从学生时代起,我就喜读方法论方面的论著.我想,做什么事情都要讲究方法,追求效率、效果和效益,方法好能事半而功倍.我很留心一些著名科学家、文学家写的心得体会和经验.我曾惊讶为什么巴尔扎克在51年短短的一生中能写出上百本书,并从他的传记中去寻找答案.文史哲和科学的海洋无边无际,先哲们的明智之光沐浴着人们的心灵,我衷心感谢他们的恩惠.

读书的另一面

以上我谈了读书的好处,现在要回过头来说说事情的另一面.

读书要选择.世上有各种各样的书:有的不值一看,有的只值看20分钟,有的可看5年,有的可保存一辈子,有的将永远不朽.即使是不朽的超级名著,由于我们的精力与时间有限,也必须加以选择.决不要看坏书,对一般书,要学会速读.

读书要多思考.应该想想,作者说得对吗?完全吗?适合今天的情况吗?从书本中迅速获得效果的好办法是有的放矢地读书,带着问题去读,或偏重某一方面去读.这时我们的思维处于主动寻找的地位,就像猎人追找猎物一样主动,很快就能找到答案,或者发现书中的问题.

有的书浏览即止,有的要读出声来,有的要心头记住,有的要笔头记录.对重要的专业书或名著,要勤做笔记,“不动笔墨不读书”.动脑加动手,手脑并用,既可加深理解,又可避忘备查,特别是自己的灵感,更要及时抓住.清代章学诚在《文史通义》中说:“札记之功必不可少,如不札记,则无穷妙绪如雨珠落大海矣.”

许多大事业、大作品，都是长期积累和短期突击相结合的产物．涓涓不息，将成江河；无此涓涓，何来江河？

爱好读书是许多伟人的共同特性，不仅学者专家如此，一些大政治家、大军事家也如此．曹操、康熙、拿破仑、毛泽东都是手不释卷，嗜书如命的人．他们的巨大成就与毕生刻苦自学密切相关．

王梓坤

目录

哥德巴赫猜想概述

第1章

人们经常要同各种数字打交道,从日常生活到最新的尖端科学技术都离不开数.我们最熟悉和用得最多的是1,2,3,4,5,…这些正整数,它们也叫作自然数.研究正整数的性质,特别是整除性,是一件十分重要而有趣的事,它的性质非常丰富,至今还没有被人们所完全认识."数论"就是研究正整数性质和规律的一门学问.

我们把那些可以被2整除的数叫作偶数,如2,4,6,8,…,剩下的那些正整数就叫作奇数,如1,3,5,7,…,这样,所有的正整数就被分成了偶数和奇数两大类.另一方面,我们发现,除去1,有的数除1和它本身以外,不能再被别的整数整除,如2,3,5,7,11,13,17,…,这种数称作素数.有的数除1和它本身以外,还能被别的数整除,这种数就叫作合数,如4,6,9,21,…就是合数.1这个数比较特殊,它既不算素数也不算合数.这样,所有正整数就又被分为

1、素数、合数三类. 正整数的这种分类要比它分为偶数和奇数两大类复杂多了. 人们在很早以前就知道素数有无限多个,后来又知道素数的个数比合数要少很多,但至今我们还没有一种能判断任意一个数是素数还是合数的简单可行的方法,甚至有的数我们根本不知道它是素数还是合数. 现在我们所知道的最大的素数是 $2^{21\,701}-1$. 比它更大的素数虽然存在但目前我们还不知道.

合数与素数之间有什么关系呢? 一个正整数如能被一个素数整除,那么这个素数就叫作这个正整数的一个素因子. 例如,2 是 2 的一个素因子,它也是 10 的素因子. 显然一个素数就只有它本身一个素因子,而合数就可能有好几个素因子,如 6 就有 2 和 3 两个素因子,30 就有 2,3,5 三个素因子,而 4 有两个 2 作为它的素因子,叫作重因子. 所以合数要比素数复杂多了,但合数又是它的所有素因子的乘积,如

$$4=2\times 2$$

$$30=2\times 3\times 5$$

$$96=2\times 2\times 2\times 2\times 2\times 3$$

等等. 这样,一个合数的素因子的个数愈少愈简单,就愈近似地像一个素数.

容易看出在所有素数中只有一个 2 是偶数,其他全是奇数,叫作奇素数.

正整数可分为偶数和奇数,又可把它分为 1、素数与合数,那么这两种分类之间究竟有什么联系呢? 这是一个十分有趣的问题.

哥德巴赫(Goldbach)猜想就是对这种联系的一种

推测.

在科学研究中,人们在已有知识和实践的基础上往往小心地提出一些推测,以做进一步的研究,这些推测有的后来被证明是正确的,有的被证明是错误的,但也有的至今我们还不知道它是对是错,著名的哥德巴赫猜想就是这样一个至今还未证实的推测.

1742年6月7日,德国数学家哥德巴赫在给当时的大数学家欧拉(Euler)的信中,提出了这样两个推测:(1)每个不小于6的偶数都是两个奇素数之和;(2)每个不小于9的奇数都是三个奇素数之和.这两个推测就是人们常说的哥德巴赫猜想.对许多偶数和奇数进行验算都表明这两个推测是正确的,例如

$$6=3+3$$

$$24=11+13$$

$$100=97+3$$

以及

$$103=23+37+43$$

等等.1742年6月30日,欧拉在复信中写道:“任何大于6的偶数都是两个奇素数之和,虽然我还不能证明它,但我确信无疑这是完全正确的定理.”容易看出,由第一个推测可以推出第二个推测.由于欧拉是当时最伟大的数学家,因此他对这个推测的信心,便吸引了许多数学家的注意,都企图去证明它们.但是,当整个19世纪结束的时候,在研究这两个推测方面仍没有取得任何进展,甚至根本不知道应该如何下手.1900年德国大数学家希尔伯特(Hilbert)在国际数学会的演说中,提出了具有重要意义的23个问题,这就是通常所

说的希尔伯特问题. 哥德巴赫猜想被列为希尔伯特第 8 问题的一部分. 1912 年另一个德国数学家朗道(Landau)在国际数学会的报告中说,即使要证明下面的较弱的命题:"任何大于 4 的正整数,都能表示成 C 个素数之和",也是现代数学家力所不能及的(这里 C 是某个常数). 1921 年英国数学家哈代(Hardy)曾说过哥德巴赫猜想的困难程度是可以和任何没有解决的数学问题相比的.

在 20 世纪 20 年代,英国数学家哈代与李特伍德(Littlewood)提出了用所谓"圆法"来研究哥德巴赫猜想,第一次做出了意义极为重大的推进,并得到了一些初步成果. 1937 年苏联数学家维诺格拉多夫(Vinogradov)在哈代 - 李特伍德工作的基础上,用他自己创造的"三角和方法"首先基本上证明了第二个推测是正确的. 确切地说,他证明了每一个大奇数一定可以表示成三个奇素数之和. 后来人们经过计算知道,这里所谓的"大奇数"是指一个差不多比 10 的 400 万次方,即 1 后面加上 400 万个 0 这样一个数还要大的数,数字之大是无法用实际东西来比拟的. 而目前已经知道的最大素数要比 10 的 400 万次方小得多,所以在这之间的许多奇数我们仍然不知道它们能否表示成三个奇素数之和. 因而只能说是基本上解决了哥德巴赫的第二个推测. 但这已是一个很重大的贡献了.

在维诺格拉多夫的重要工作之后,我国数学家华罗庚在 1938 年证明了下面的重要定理:几乎全体偶数都能表示成两个素数之和. 确切地说,华罗庚证明了几

乎全体偶数都能表示成 $p_1+p_2^k$ 的形式，这里 p_1,p_2 为素数，k 为任意给定的大于或等于1的自然数. 这是华罗庚对第一个推测做出的重要贡献.

对于第一个推测，虽然现在已有人对 33×10^6 以下的每一个偶数进行验算都表明它是正确的，但要想证明它却是更为困难的了. 很早以前，人们就退一步想，能否先来证明每一个大偶数都是两个素因子个数不太多的数之和，由此来找到一条通向解决第一个推测的道路. 为了说起来简单起见，我们把"每一个大偶数可以表示为一个素因子个数不超过 a 的数和一个素因子个数不超过 b 的数之和"，这一命题叫作命题"$a+b$". 这样，哥德巴赫猜想基本上就是要证明命题"1+1"是正确的. 差不多在哈代－李特伍德提出"圆法"的同时，1920年挪威数学家布朗(Brun)在这方面迈出了具有重大意义的一步，在其开创性的论文中，第一个对古老的"筛法"做了重大的改进. 他用"筛法"证明了每一个大偶数是两个素因子都不超过9个的数之和，即证明了命题"9+9"是正确的. 其后许多数学家继续用布朗提出的方法，尽量减少其中每个数的素因子的个数. 其中主要有：1924年拉得马切尔(Rademacher)证明了"7+7"；1932年埃斯特曼(Estermann)证明了"6+6"；1938年和1940年布赫夕塔布(Buchstab)又先后证明了"5+5"和"4+4". 后来，在1947年塞尔伯格(Selberg)对"筛法"做了进一步的改进，并在1950年宣布用他的方法可以证明"2+3"，但是始终没有给出他的证明. 1956年我国数学家王元证明了"3+4"，同年维诺格拉多夫证明了"3+3"，直到1957年才由王元证明了命题“2 + 3”，这已经是愈来愈接近于命题“1 + 1”了. 但以上所证明的结果都有一个共同的弱点，就是其中两个数没有一个可以肯定是为素数的.

早在 1948 年，匈牙利数学家瑞尼（Rényi）在其开创性的工作中，应用筛法和其他更为复杂的方法相结合，得到了一个有趣的结果，就是每一个大偶数都是一个素数和一个素因子不超过 C 个的数之和，即证明了命题“1 + C”. 这是对研究哥德巴赫猜想的一个重大推进. 但是这里的 C 是一个没有计算出来的很大的未知常数. 所以，这只是一个定性的结果. 以后的十多年内在这方面也没有进一步的发展. 1962 年作者首先得到了 C 的定量估计，证明了 $C = 5$，即命题“1 + 5”成立. 随后（同年）王元和作者证明了命题“1 + 4”，1963 年巴尔巴恩（Барбан）也证明了该命题. 1965 年布赫夕塔布、维诺格拉多夫和意大利数学家朋比尼（Bombieri）又都证明了“1 + 3”，特别是朋比尼的工作，当时在国际数学界被认为是了不起的成就.

证明了命题“1 + 3”后，我国数学家陈景润在 1966 年就已经宣布他证明了命题“1 + 2”. 但由于当时他没有发表详细的证明，所以在 1973 年以前的六年间，国际数学界仍然认为命题“1 + 3”是最好的. 因此，当陈景润于 1973 年，用他提出的方法发表了命题“1 + 2”的全部证明后，在世界数学界引起了强烈的反响，这就是著名的“陈氏定理”，在陈景润的证明发表后的短短几年中，国际上又连续发表了五个简化证明，其中，丁夏畦、王元及作者都对“陈氏定理”给出了一个实质性的简化证明.

对于哥德巴赫猜想的研究还必须提及须尼尔曼(Shnirel'man)的重要工作,在 1930 年须尼尔曼引入了关于自然数集合的"正密率"的概念,从而证明了每一整数可以表示成不超过 C 个素数之和. 在须尼尔曼的工作发表后,曾有许多数学家利用了他的方法,并结合"筛法"得到了一系列的结果. 若我们用 S 表示最小的整数,使每一充分大的整数都能表示成不超过 S 个素数之和,则用须尼尔曼的方法可以得到 S 的明确上界. 用他的方法可以算出 $S \leqslant 8 \times 10^6$. 罗曼诺夫(Romanov)以后又证明了 $S \leqslant 2\ 208$. 沿着这一方向还有许多数学家做了更进一步的改进. 1950 年夏皮洛与瓦格利用塞尔伯格的筛法证明了 $S \leqslant 20$,1956 年我国数学家尹文霖利用渐近密率的方法又将 20 改进成 18,而最好的结果是最近沃恩证明的 $S \leqslant 6$①.

哥德巴赫猜想从提出到今天已经过去两个多世纪了,虽有很多进展,但还未完全解决. 研究哥德巴赫猜想的历史,生动地说明了攀登科学高峰的征途是艰难、漫长而又曲折的,经过许多卓越数学家的辛勤劳动才取得了今天这样的成就. 中华人民共和国成立后,培养了一批年轻的数学工作者,他们在华罗庚教授与闵嗣鹤教授的指导帮助下,曾对哥德巴赫猜想等数论专题方面的研究做出了重要的贡献.

但是应该看到,二百多年来,虽然在研究哥德巴赫

① 用前面提到的维诺格拉多夫将大奇数表示成三个素数的定理可以推出 $S \leqslant 4$. 但维氏所用的方法是相当高级的,而这里的方法却较为"初等"些.

猜想中取得了这样重大的成就，要从"1 +2"到完全解决哥德巴赫猜想还有十分漫长的路程. 或许，我们可以说，为了完全解决哥德巴赫猜想(不管是肯定的，还是否定的)所需克服的困难可能比至今克服的困难更为巨大. 因为依作者看来，不仅现有的方法不适用于来研究解决"1 +1"，而且到目前为止还看不到可以沿着什么途径，利用什么方法来解决它.

整数的基本性质

第 2 章

本章主要介绍一些整数的基本性质.

§1　整数的可除性

整数是指

$$\cdots,-2,-1,0,1,2,\cdots$$

显然,两个整数之和、差、积仍为整数,但是,用一个不等于零的整数去除另一个整数,所得的商却不一定是整数. 我们用$[\alpha]$来表示不超过 α 的最大整数,例如

$$[4]=4,[3.1]=3$$

$$[-2.4]=-3,[\pi]=3$$

下面的不等式是显然成立的

$$[\alpha]\leqslant\alpha<[\alpha]+1$$

现在取 α 为有理数$\frac{a}{b}(b>0)$,则由上面的

不等式可得到

$$0 \leqslant \frac{a}{b} - \left[\frac{a}{b}\right] < 1$$

亦即

$$0 \leqslant a - b\left[\frac{a}{b}\right] < b$$

由此立得

$$a = \left[\frac{a}{b}\right]b + r, 0 \leqslant r < b$$

因此,我们可以得到下面的定理:

定理 2.1　任给两个整数 $a, b > 0$,必有两个整数 q 及 r 存在,使得

$$a = qb + r, 0 \leqslant r < b \tag{2.1}$$

且 q 及 r 是唯一存在的.

证　我们只要来证明唯一性就够了.

若还存在 q_1, r_1 使得

$$a = q_1 b + r_1, 0 \leqslant r_1 < b$$

则有

$$b(q - q_1) = r_1 - r$$

因为 r 及 r_1 为不超过 b 的正数,所以 $|r - r_1|$ 不可能超过 b,但由上式得到

$$b|q - q_1| = |r - r_1|$$

若 $q \neq q_1$,则必有 $|r - r_1| > b$,而这是不可能的. 所以必有 $q = q_1$,从而推出 $r = r_1$,定理证毕.

定理 2.1 是一条基本定理,整数的很多基本性质都可以从它引出. 这里 q 称为不完全商数,r 称为余数.

当 $r=0$ 时的情形是值得注意的,此时公式(2.1)变成 $a=qb$ 或 $\frac{a}{b}=q$. 这种情形我们就说,a 被 b 除尽,b 是 a 的因数;a 是 b 的倍数. 我们用 $b|a$ 来表示 b 除得尽 a.

§2　最大公因数与最小公倍数

设 a,b 是两个整数. 若整数 d 是它们之中每一个的因数,则 d 就叫作 a,b 的一个公因数. a,b 的所有公因数中最大的一个叫作 a,b 的最大公因数,记作 (a,b). 若 $(a,b)=1$,则我们说 a,b 是互素的. 不难看出,a,b 的公因数与 $|a|,|b|$ 的公因数相同,因而有

$$(a,b)=(|a|,|b|) \tag{2.2}$$

所以我们讨论最大公因数不妨就非负整数的情形去讨论.

若 a,b,c 是三个不全为零的整数,且有

$$a=bq+c \tag{2.3}$$

则容易证明必有

$$(a,b)=(b,c) \tag{2.4}$$

我们现在要利用上面的关系来给出一个求最大公因数的方法——辗转相除法.

设 a,b 是任意两个正整数,反复利用定理 2.1,可以得到

$$a=bq_1+r_1, 0<r_1<b$$

$$
\begin{aligned}
b &= r_1 q_2 + r_2, 0 < r_2 < r_1 \\
r_1 &= r_2 q_3 + r_3, 0 < r_3 < r_2 \\
&\vdots \\
r_{n-2} &= r_{n-1} q_n + r_n, 0 < r_n < r_{n-1} \\
r_{n-1} &= r_n q_{n+1} + r_{n+1}, r_{n+1} = 0
\end{aligned} \tag{2.5}
$$

因为每进行一次除法，余数就至少减 1，而 b 是有限的，所以我们至多进行 b 次，总可以得到一个余数是零的等式，即 $r_{n+1}=0$. 上面的方法我们叫作辗转相除法，也叫长除法，是我国古代数学家创造的，但在一般书中常把它叫欧几里得除法. 下面给出辗转相除法的一个应用.

定理 2.2 设 a,b 是任意两个正整数，则

$$(a,b)=r_n$$

证 事实上，利用式(2.4)及(2.5)便可以得到

$$r_n=(0,r_n)=(r_{n+1},r_n)=(r_n,r_{n-1})=\cdots=(r_1,b)=(a,b)$$

定理 2.2 实际上给出了一个求最大公因数的方法. 当 a,b 中有一个为零时，(a,b) 就等于不为零的数的绝对值；若 a,b 都不为零时，就可利用上面的方法求出其最大公因数.

例 2.1 求$(-123,18)$.

我们有

$$
\begin{gathered}
(-123,18)=(123,18) \\
123=6\times18+15 \\
18=1\times15+3 \\
15=5\times3
\end{gathered}
$$

所以

$$(-123,18)=3$$

下面的定理给出了最大公因数的两个重要性质：

定理 2.3　设 a,b 是两个正整数，则：

(1)

$$(am,bm)=(a,b)m \tag{2.6}$$

这里 m 为任意正整数.

(2)若 d 是 a,b 的任一公因数，则

$$\left(\frac{a}{d},\frac{b}{d}\right)=\frac{(a,b)}{d} \tag{2.7}$$

特别有

$$\left(\frac{a}{(a,b)},\frac{b}{(a,b)}\right)=1 \tag{2.8}$$

证　由辗转相除法得到

$$am=(bm)q_1+r_1m,0<r_1m<bm$$

$$bm=(r_1m)q_2+r_2m,0<r_2m<r_1m$$

$$\vdots$$

$$r_{n-1}m=(r_nm)q_{n+1}$$

由定理2.2，得

$$(am,bm)=r_nm=(a,b)m$$

因而(1)得证.

利用(1)的结论立即推出

$$\left(\frac{a}{d},\frac{b}{d}\right)=\frac{(a,b)}{d}$$

取 $d=(a,b)$，即得(2.8). 定理证毕.

下面来引进最小公倍数的概念. 设 a,b 为两个整数，若 d 是这两个数的倍数，则 d 就叫作 a,b 的公倍

数. 在 a,b 的一切公倍数中的最小正数叫作 a,b 的最小公倍数,记作$[a,b]$.

我们首先来证明下面的事实:

若 m_1 为 a,b 的一个公倍数,则必有

$$[a,b]\mid m_1 \tag{2.9}$$

不妨设 $m_1>0$,我们令

$$m=[a,b]$$

因为 $m\leqslant m_1$,所以由定理 2. 1 知

$$m_1=qm+r,0\leqslant r<m$$

由假设知,m,m_1 都是 a,b 的公倍数,故

$$r=m_1-qm$$

亦为 a,b 的公倍数. 但 $r<m$,而 m 是最小公倍数,故必有 $r=0$,亦即 $m\mid m_1$.

利用上面的事实,我们再来证明下面关于最大公因数与最小公倍数之间的一个重要关系:

定理 2. 4 设 a,b 为两个正整数,则

$$ab=[a,b](a,b) \tag{2.10}$$

证 设 $m=[a,b]$,令

$$\frac{ab}{m}=d$$

由(2. 9)知 d 是整数,于是

$$\frac{a}{d}=\frac{m}{b},\frac{b}{d}=\frac{m}{a}$$

因为上面两个式子的右边是整数,从而左边亦为整数,因此 d 是 a,b 的一个公因数. 假设 d_1 是 a,b 的另一公因数,则有

$$\frac{ab}{d_1}=a\frac{b}{d_1}=b\frac{a}{d_1}$$

上式表明 $m_1=\frac{ab}{d_1}$ 也是 a,b 的一个公倍数. 所以 $m \mid m_1$，因此

$$\frac{m_1}{m}=\frac{ab}{d_1}:\frac{ab}{d}=\frac{d}{d_1}$$

应为整数，亦即 $d_1 \mid d$. 由于 d_1 为 a,b 的任一公因数，因此必有 $d=(a,b)$. 定理证毕.

在上面的证明过程中，我们顺便证明了 a,b 的任一公因数一定能除尽它们的最大公因数.

推论　当且仅当 a,b 互素时，a,b 的最小公倍数等于它们的乘积.

定理 2.5　若 $(a,c)=1$，$c \mid ab$，则 $c \mid b$.

证　因为 $a \mid ab$，$c \mid ab$，所以 $[a,c] \mid ab$. 由假设 $(a,c)=1$，故 $[a,c]=ac$，亦即 $ac \mid ab$，从而推出 $c \mid b$.

定理 2.6　若 $(a,c)=1$，则

$$(ab,c)=(b,c) \tag{2.11}$$

证　设 $d=(b,c)$，显见，$d \mid ab$，故 $d \mid (ab,c)$. 再设 $d=(ab,c)$，则 $d \mid c$，$d \mid ab$，因为 $(a,c)=1$，所以必有 $(a,d)=1$，因此由定理 2.5 知 $d \mid b$，故 $d \mid (b,c)$，亦即我们证明了

$$(ab,c)=(b,c)$$

最大公因数与最小公倍数的概念可以推广到多于两个的情形，我们就不在这里讨论了.

§3　算术基本定理

在概述中我们已经知道了全体自然数可以分成三类，即 1、素数及合数. 而且合数可以写成一些素数的乘积，如

$$20=2^2\times5$$
$$34=2\times17$$
$$39=3\times13$$
$$585=3^2\times5\times13$$
$$\vdots$$

本节的目的就是要来证明任意大于 1 的自然数，如果不论次序，就能唯一地表示成素数的乘积. 这就是算术基本定理. 为此，我们先来证明下面几个辅助定理.

定理 2.7　设 a 是任一大于 1 的整数，则 a 的大于 1 的最小正因数 q 一定是素数，且当 a 为合数时，必有$q\leqslant\sqrt{a}$.

证　假设 q 不是素数，则由合数的定义知 q 除 1 以外还有一个正因数 q_1，$1<q_1<q$. 但 $q\mid a$，所以 $q_1\mid a$，但这与 q 是 a 的除 1 以外的最小正因数相矛盾，故 q 一定是素数.

当 a 为合数时，可设 $a=a_1q$，$a_1>1$. 因为 q 是 a 的除 1 以外的最小正因数，所以 $q\leqslant a_1$，于是 $a\geqslant q^2$，从而推出 $q\leqslant\sqrt{a}$，定理证毕.

由定理 2.7 可以推出下面的结论：

若 a 的任意素因数[①]都大于$\sqrt{a}$，则 a 一定是素数.

定理 2.8　设 p 为素数，a 是任一整数，则 a 能被 p 除尽或 p 与 a 互素.

证　因为$(p,a)\mid p$，由素数的定义知$(p,a)=1$ 或者$(p,a)=p$，亦即$(p,a)=1$ 或 $p\mid a$.

定理 2.9　设 $a_1,a_2,\cdots,a_n$ 是 n 个整数，p 是素数，若 $p\mid a_1a_2\cdots a_n$，则 p 一定能除尽某一个 $a_k(1\leqslant k\leqslant n)$.

证　我们用反证法. 若 $a_1,a_2,\cdots,a_n$ 都不能被 p 除尽，则由定理 2.8 知

$$(p,a_i)=1,i=1,2,\cdots,n$$

再由定理 2.6 得到

$$(p,a_1a_2\cdots a_n)=(p,a_1a_2\cdots a_{n-1})=\cdots=(p,a_1)=1$$

这与 $p\mid a_1a_2\cdots a_n$ 相矛盾，故必有 $a_k(1\leqslant k\leqslant n)$存在，使得 $p\mid a_k$.

定理 2.10(算术基本定理)　任一大于 1 的整数能唯一分解成素数的乘积.

证　设 $a>1$，要证 a 必写成下面的形式

$$a=p_1p_2\cdots p_s,p_1\leqslant p_2\leqslant\cdots\leqslant p_s \qquad (2.12)$$

且这种表示式是唯一的.

我们先来证明 a 一定能分解成(2.12)的形式. 若 a 为素数，则(2.12)显然成立. 若 a 为非素数，则必有

$$a=p_1a_1,1<a_1<a$$

① 若 $d\mid a$，且 d 为素数，则 d 称为 a 的一个素因数.

这里 p_1 为 a 的最小正因数(素数). 若 a_1 为素数,则(2. 12)已证,若 a_1 为非素数,则有

$$a = p_1 p_2 a_2, 1 < a_2 < a_1 < a$$

这里 p_2 为 a_1 的最小正因数(素数). 继续进行,可以得到 $a > a_1 > a_2 > \cdots > 1$,这种步骤,不能超过 a 次,故最后必得

$$a = p_1 p_2 \cdots p_s, p_1 \leqslant p_2 \leqslant \cdots \leqslant p_s \tag{2.13}$$

这里 $p_1, p_2, \cdots, p_s$ 为素数.

下面来证明(2. 12)的表示法是唯一的. 若 a 可以写成另一种表示法

$$a = q_1 q_2 \cdots q_r, q_1 \leqslant q_2 \leqslant \cdots \leqslant q_r \tag{2.14}$$

这里 $q_1, q_2, \cdots, q_r$ 为素数. 由(2. 13)(2. 14)得到

$$p_1 p_2 \cdots p_s = q_1 q_2 \cdots q_r \tag{2.15}$$

由定理 2. 9 知,一定存在 $p_k(1 \leqslant k \leqslant s)$ 及 $q_j(1 \leqslant j \leqslant r)$ 使得

$$q_1 \mid p_k, p_1 \mid q_j$$

但 p_k, q_j 为素数,所以一定有

$$p_k = q_1, q_j = p_1$$

但是 $p_1 \leqslant p_k, q_1 \leqslant q_j$,故必有

$$q_j = p_1 \leqslant p_k = q_1$$

亦即

$$p_1 = q_1$$

因此由(2. 15)得到

$$p_2 p_3 \cdots p_s = q_2 q_3 \cdots q_r$$

同理可得 $p_2 = q_2$. 依此类推,最后得到 $s = r$,而且 $p_i = q_i$ $(1 \leqslant i \leqslant s)$. 唯一性得证.

推论 任一正整数 $a > 1$,能够唯一地写成

$$a = p_1^{\alpha_1} p_2^{\alpha_2} \cdots p_k^{\alpha_k}, \alpha_i \geqslant 1, i = 1, 2, \cdots, k \quad (2.16)$$

这里 $p_1 < p_2 < \cdots < p_k$ 为素数.

(2.16)叫作 a 的标准分解式.

把一个已知数分解成素因数的乘积的问题是数学难题之一,至今还没有一个实用的分解法.下面我们来给出一个计算 $n!$ 的标准分解式的方法,它在研究素数分布的理论中将显其用处.为此,先来证明几个辅助定理.

定理 2.11　设 a,b 是两个正整数,则不大于 a 而为 b 的倍数的正整数的个数是 $\left[\frac{a}{b}\right]$.

证　若 $a<b$,则定理是显然成立的.设 $a \geqslant b$,则

$$a = \left[\frac{a}{b}\right] b + r, 0 \leqslant r < b$$

由此看出

$$b, 2b, \cdots, \left[\frac{a}{b}\right] b$$

就是不超过 a 而能被 b 除尽的正整数.定理得证.

定理 2.12　设 n,a,b 为任意三个正整数,则

$$\left[\frac{n}{ab}\right] = \left[\frac{\left[\frac{n}{a}\right]}{b}\right] \quad (2.17)$$

证　设

$$n = aq + r, q = \left[\frac{n}{a}\right], 0 \leqslant r \leqslant a - 1 \quad (2.18)$$

$$q = bq_1 + r_1, q_1 = \left[\frac{q}{b}\right], 0 \leqslant r_1 \leqslant b - 1 \quad (2.19)$$

将(2.19)代入(2.18)得到

$$n=a(bq_1+r_1)+r=(ab)q_1+(ar_1+r)$$

因为

$$0\leqslant(ar_1+r)\leqslant a(b-1)+a-1=ab-1$$

所以 ar_1+r 就是用 ab 去除 n 所得的余数,q_1 是不完全商数. 所以 $q_1=\left[\frac{n}{ab}\right]$,但另一方面由(2.18)及(2.19)看出

$$q_1=\left[\frac{\left[\frac{n}{a}\right]}{b}\right]$$

定理证毕.

定理 2.13　在 $n!$ 的标准分解式中素因数 p 的方次数为

$$\left[\frac{n}{p}\right]+\left[\frac{n}{p^2}\right]+\cdots+\left[\frac{n}{p^k}\right]$$

这里 $p^k\leqslant n,p^{k+1}>n$.

证　设 $p\leqslant n$(当 $p>n$ 时,显然 $n!$ 不能被 p 除尽). 由定理 2.11 知当 $p\leqslant n$ 时在 $n!$ 中含有因数

$$p,2p,3p,\cdots,\left[\frac{n}{p}\right]p$$

除了这些,$n!$ 中再没有别的能被 p 除尽的因数了;将这些因数相乘得到

$$p\cdot 2p\cdot 3p\cdot\cdots\cdot\left[\frac{n}{p}\right]p=\left[\frac{n}{p}\right]!\ p^{\left[\frac{n}{p}\right]}$$

由上式看出 $n!$ 能被 $p^{\left[\frac{n}{p}\right]}$所除尽,并且还可能被含于 $\left[\frac{n}{p}\right]!$ 中的 p 的乘幂所除尽. 将上面的论证用于 $\left[\frac{n}{p}\right]!$,得到$\left[\frac{n}{p}\right]!$ 中所含能被 p 除尽的因数的乘积

为

$$p \cdot 2p \cdot 3p \cdot \cdots \cdot \left[\frac{\left[\frac{n}{p}\right]}{p}\right]p = \left[\frac{n}{p^2}\right]!\ p^{\left[\frac{n}{p^2}\right]}$$

上式的最后一步,我们用到了定理 2.12. 将这种方法继续下去,直到使 $p^l > n$ 的方次数 l 以前为止. 定理证毕.

因为当 $p^k > n$ 时 $\left[\frac{n}{p^k}\right] = 0$,所以定理 2.13 经常写成下面的形式:

推论

$$n! = \prod_{p \leqslant n} p^{\sum_{i=1}^{\infty}\left[\frac{n}{p^i}\right]} \tag{2.20}$$

这里

$$\sum_{i=1}^{\infty}\left[\frac{n}{p^i}\right] = \left[\frac{n}{p}\right] + \left[\frac{n}{p^2}\right] + \cdots$$

“$\prod_{p \leqslant n}$” 表示乘积只通过不超过 n 的素数.

例 2.2　求 6! 的标准分解式.

不超过 6 的素因子为 2,3,5. 因为

$$\left[\frac{6}{2}\right] + \left[\frac{6}{2^2}\right] = 3 + 1 = 4$$

$$\left[\frac{6}{3}\right] = 2$$

$$\left[\frac{6}{5}\right] = 1$$

所以 6! 的标准分解式为

$$6! = 2^4 \times 3^2 \times 5$$

§4　埃拉托斯尼筛法

在概述中我们已经多次提到过“筛法”这个名词. 它是研究数论的一种方法,起源于对素数的研究. 前面我们已经说过,到目前为止还没有一个一般的方法去求出一个正整数的标准分解式. 这中间主要的原因是素数在自然数列中的分布很不规则. 但另一方面,我们可以根据素数的定义及性质构造出素数表来以供应用. 本节介绍的埃拉托斯尼(Eratosthenes)筛法就可以用来构造素数表.

我们知道,10 以下的素数为 2,3,5,7,由于 100 以内的合数一定能被 10 以下的某一个素数,即 2,3,5,7 中的一个数除尽(定理 2.7),因此在 10 到 100 之间的整数中,当我们依次把被 2 除尽的数、被 3 除尽的数、被 5 除尽的数,以及被 7 除尽的数都画去后,留下的正好就是 10 到 100 之间的所有素数. 在这里 2,3,5,7 这四个数好像组成了一个“筛子”,凡是能被这“筛子”中的一个数除尽的数就要被“筛”掉,而不能被这“筛子”中的任一个数除尽的数就留下,通过这个“筛子”,“筛”出了 10 到 100 之间的所有素数. 这就是最古典的“筛法”,它称为埃拉托斯尼筛法. 用这样的方法,从下面的表中可以看出有 25 个素数:

2,3,5,7,9,11,13,15,17,19,21,23,25,27,29,31,33,35,37,39,41,43,45,47,49,51,53,55,57,59,

61,63,65,67,69,71,73,75,77,79,81,83,85,87,89,91,93,95,97,99.

如果“筛子”是由 100 以内的素数所组成的,那么 100 到 10 000 之间的整数经过这“筛子”筛选后,所留下的正好是 100 到 10 000 之间的所有素数. 我们的素数表就是用这种办法编制出来的.

在一般情形下,“筛子”可由满足一定条件的有限个素数所组成,我们记作 B. 被“筛”选的对象可以是一个由有限多个整数所组成的数列,我们记作 A. 如果把数列 A 经过“筛子”B 筛选后所留下的数列记作 C,那么简单说来,筛法就是用来估计数列 C 中整数个数有多少的一种方法.

例如,数列 A 是所有不大于 20 的偶数,如果“筛子”B 由 3 和 5 两个素数所组成,那么数列 C 就有 2,4,8,14,16 五个数;如果“筛子”B 由一个素数 2 所组成,那么数列 A 就全被筛掉了. 但在一般情形下,估计数列 C 的个数就不那么容易了.

筛法可以用来研究数论中的许多问题,这些问题主要是关于一个整数数列中具有某种性质的整数是否存在及其个数的多少. 例如,应用筛法,可以大概知道任意两个正数 X 和 Y 之间的素数个数有多少. 再例如,设 N 是一个大于6 的偶数,再设所有不超过 N 的素数是 $p_1,p_2,\cdots,p_s$. 我们来考虑由整数 $N-p_1,N-p_2,\cdots,N-p_s$ 所组成的数列 A(例如 $N=10$,数列 A 就是 $10-2,10-3,10-5,10-7$). 数列 A 中是否一定有素数存在的问题就是著名的哥德巴赫猜想,但要指出至今所有的筛法理论都还不能证明这一点.

§5 同余及简单的三角和

在日常生活中,有时我们关心的常常不是某些整数,而是这些整数用某一固定的数去除后所得的余数.例如,我们每星期四有课,即我们要知道的不是几月几日,而是用 7 去除某月的号数.例如我们知道某月 3 日是星期四,则 10 日、17 日都是星期四,总之用 7 去除某月的号数,其余数为 3 的都是星期四.由此我们引进同余的概念.

给定一个正整数 m,把它叫作模.若用 m 去除任意两个整数 a 与 b 所得的余数相同,则我们就说 a,b 对模 m 同余,记作 $a\equiv b(\bmod m)$.如果余数不同,我们就说 a,b 对模 m 不同余,记作 $a\not\equiv b(\bmod m)$.

同余的概念是数论中的一个基本概念.有了这个概念,我们就可以把余数相同的数放在一起,从而产生了“剩余类”的概念.由于对模 m 而言,用它去除任何整数的余数 r 总满足条件

$$0\leqslant r\leqslant m-1$$

所以,我们可以把全体整数分成 m 个集合:把余数 r 相同的放在同一类,记作 K_r.由此可知对模 m 而言,全体整数可分成 m 个集合,$K_0,K_1,K_2,\cdots,K_{m-1}$.它们称为模 m 的剩余类,其中 $K_r(r=0,1,2,\cdots,m-1)$ 是由一切形如 $qm+r(q=0,\pm1,\pm2,\cdots)$ 的整数所组成的.这些集合具有下列性质:

(1)每一整数包含且只包含在上述剩余类的一个集合里；

(2)两个整数同在一个集合里的充分必要条件是它们对模 m 同余.

设 $a_0,a_1,a_2,\cdots,a_{m-1}$ 是分别属于 $K_0,K_1,K_2,\cdots,K_{m-1}$ 中的 m 个整数,则称 $a_0,a_1,a_2,\cdots,a_{m-1}$ 为模 m 的一个完全剩余系.

由上面的定义可以看出,完全剩余系是很多的,例如

$$0,1,2,\cdots,m-1$$

$$1,2,3,\cdots,m$$

$$-\frac{m}{2}+1,\cdots,-1,0,1,\cdots,\frac{m}{2}-1,\frac{m}{2},m\text{ 为偶数}$$

$$-\frac{m-1}{2},\cdots,-1,0,1,\cdots,\frac{m-1}{2},m\text{ 为奇数}$$

都是模 m 的完全剩余系.

现在来证明下面的定理:

定理 2.14　设 $(m_1,m_2)=1$, x_1,x_2 分别通过模 m_1,m_2 的完全剩余系,则 $m_2x_1+m_1x_2$ 通过模 m_1m_2 的完全剩余系.

证　由假设知道 x_1,x_2 分别通过 m_1,m_2 个整数,所以 $m_2x_1+m_1x_2$ 通过 m_1m_2 个整数. 我们只要证明这 m_1m_2 个整数两两对模 m_1m_2 都不同余就行.

假定

$$m_2x_1'+m_1x_2'\equiv m_2x_1''+m_1x_2''\pmod{m_1m_2}\quad(2.21)$$

这里 x_1',x_1'' 及 x_2',x_2'' 分别为 x_1 及 x_2 所通过的完全剩余系中的整数. 由(2.21)显然可以推出

$$m_2x_1'+m_1x_2'\equiv m_2x_1''+m_1x_2''\pmod{m_1}$$

从而有

$$m_2x_1'\equiv m_2x_1''\pmod{m_1}$$

亦即

$$m_2(x_1'-x_1'')\equiv 0\pmod{m_1}$$

因为$(m_1,m_2)=1$,所以,若 $m_1\mid m_2(x_1'-x_1'')$,则必有 $m_1\mid x_1'-x_1''$(定理2.5),此即

$$x_1'\equiv x_1''\pmod{m_1}$$

这是一个矛盾(因为按假设 x_1'与 x_1''是不在同一个剩余类里的整数),定理得证.

与完全剩余系有同样重要意义的是所谓简化剩余系的概念,我们把完全剩余系中与模 m 互素的整数的全体叫作模 m 的一个简化剩余系.

例如,当 $m=10$ 时,1,3,7,9 就组成一个简化剩余系.

在讨论简化剩余系的过程中,我们要引进一个非常重要的函数——欧拉函数.

所谓欧拉函数 $\varphi(a)$,是定义在正整数上的函数,它的值等于在序列 $0,1,2,\cdots,a-1$ 中与 a 互素的数的个数.

例如

$$\varphi(10)=4,\varphi(7)=6$$

由简化剩余系的定义知道,模 m 的简化剩余系的个数有 $\varphi(m)$ 个(当然,它们对模 m 两两不同余). 我们来证明下面的定理.

定理 2.15　设$(m_1,m_2)=1$,x_1,x_2 分别通过模

m_1, m_2 的简化剩余系，则 $m_2x_1 + m_1x_2$ 通过模 m_1m_2 的简化剩余系.

证　若

$$(x_1, m_1) = (x_2, m_2) = 1$$

因为 $(m_1, m_2) = 1$，所以

$$(m_2x_1, m_1) = (m_1x_2, m_2) = 1$$

从而有

$$(m_2x_1 + m_1x_2, m_1) = (m_2x_1 + m_1x_2, m_2) = 1$$

所以

$$(m_2x_1 + m_1x_2, m_1m_2) = 1$$

反之，若有

$$(m_2x_1 + m_1x_2, m_1m_2) = 1$$

则有

$$(m_2x_1 + m_1x_2, m_1) = (m_2x_1 + m_1x_2, m_2) = 1$$

从而推出

$$(m_2x_1, m_1) = (m_1x_2, m_2) = 1$$

因为 $(m_1, m_2) = 1$，所以由上式得到

$$(x_1, m_1) = (x_2, m_2) = 1$$

因此，定理得证.

推论　若 $(m_1, m_2) = 1$，则

$$\varphi(m_1m_2) = \varphi(m_1)\varphi(m_2)$$

推论的证明是简单的，因为当 x_1, x_2 分别通过 m_1，m_2 的简化剩余系时，$m_2x_1 + m_1x_2$ 通过模 m_1m_2 的简化剩余系，按定义它通过 $\varphi(m_1m_2)$ 个整数，但另一方面，因为 x_1, x_2 分别通过 $\varphi(m_1)$ 及 $\varphi(m_2)$ 个整数，所以 $m_2x_1 + m_1x_2$ 通过 $\varphi(m_1)\varphi(m_2)$ 个整数，所以有

$$\varphi(m_1m_2)=\varphi(m_1)\varphi(m_2),(m_1,m_2)=1$$

以后凡有上述性质的函数,均称为可乘函数.

由上面的推论,我们可以得到下面的定理:

定理2.16 设$n=p_1^{\alpha_1}p_2^{\alpha_2}\cdots p_s^{\alpha_s}$为$n$的标准分解式,则

$$\varphi(n)=n(1-\frac{1}{p_1})(1-\frac{1}{p_2})\cdots(1-\frac{1}{p_s})$$

证 由推论知

$$\varphi(n)=\varphi(p_1^{\alpha_1})\varphi(p_2^{\alpha_2})\cdots\varphi(p_s^{\alpha_s})$$

再由欧拉函数的定义知,$\varphi(p^\alpha)$等于不超过p^α而与p互素的个数,亦即等于从p^α中减去$1,2,\cdots,p^\alpha$中与p不互素的个数.由于p是素数,故$\varphi(p^\alpha)$等于从p^α中减去$1,2,\cdots,p^\alpha$中被p除尽的数的个数.利用定理2.11,这些个数等于$\left[\frac{p^\alpha}{p}\right]=p^{\alpha-1}$,故

$$\varphi(p^\alpha)=p^\alpha-p^{\alpha-1}$$

因此,我们证明了

$$\varphi(n)=(p_1^{\alpha_1}-p_1^{\alpha_1-1})(p_2^{\alpha_2}-p_2^{\alpha_2-1})\cdots(p_s^{\alpha_s}-p_s^{\alpha_s-1})=$$

$$n(1-\frac{1}{p_1})(1-\frac{1}{p_2})\cdots(1-\frac{1}{p_s})$$

上式亦可写成

$$\varphi(n)=n\prod_{p\mid n}(1-\frac{1}{p})\qquad(2.22)$$

上面的公式有时可较易算出$\varphi(n)$的值.

例如

$$\varphi(30)=30(1-\frac{1}{2})(1-\frac{1}{3})(1-\frac{1}{5})=8$$

$$\varphi(49)=49(1-\frac{1}{7})=42$$

欧拉函数 $\varphi(n)$ 是数论中一个十分重要的函数，它还有许多重要的性质，我们在这里就不再一一介绍了.

下面我们来介绍一下最简单的三角和的概念.

前面已经讲过，模 m 的完全剩余类有 m 个，另一方面我们知道 1 的 m 次根也有 m 个

$$e^{2\pi i\frac{r}{m}}=\cos\frac{2\pi r}{m}+i\sin\frac{2\pi r}{m}, r=0,1,2,\cdots,m-1$$

若两个整数 a,b 对模 m 属于同一个剩余类，即 $a\equiv b(\bmod m)$，那么一定有

$$e^{2\pi i\frac{a}{m}}=e^{2\pi i\frac{b}{m}}$$

反之，若上式成立，则一定有 $a\equiv b(\bmod m)$. 故模 m 的剩余类与 1 的 m 次根是一一对应的. 若 $K_0,K_1,\cdots,K_{m-1}$ 为模 m 的完全剩余类，则 K_r 与 $e^{2\pi i\frac{r}{m}}$ 对应. 另外，若 $a+b\equiv c(\bmod m)$，则

$$e^{2\pi i\frac{a+b}{m}}=e^{2\pi i\frac{a}{m}}\cdot e^{2\pi i\frac{b}{m}}=e^{2\pi i\frac{c}{m}}$$

也就是说两个剩余类的数相加相当于对应的 m 次单位根相乘. 所以同余的性质有可能从 m 次单位根的研究得出. 这就是近代数论中一个很重要的方法——“三角和方法”的来源之一. 所谓“三角和”就是形如

$$\sum_{x}e^{2\pi if(x)}$$

的和，其中 $f(x)$ 是实函数，“$\sum_{x}$” 表示对某一指定的 x 的整数集合求和. 例如

$$\sum_{x=0}^{m-1} e^{2\pi i\frac{x}{m}}$$

就是一种最简单的三角和,这里求和是对 x 从 0 加到 $m-1$. 再例如

$$\sum_{p\leqslant N} e^{2\pi i\alpha p}$$

亦是一种三角和,这里 α 为实数,p 取素数,"$\sum\limits_{p\leqslant N}$"表示对所有不超过 N 的素数求和. 著名的哥德巴赫猜想(第二个猜想)的证明就要用到求这种三角和的一个上界估计.

下面我们讨论几种最简单而重要的三角和.

定理 2.17　设 m 是正整数,a 是整数,则

$$\sum_{x=0}^{m-1} e^{2\pi i\frac{ax}{m}} = \begin{cases} m,若\ m \mid a \\ 0,其他情形 \end{cases}$$

证　当 $m \mid a$ 时,$e^{2\pi i\frac{ax}{m}} = 1$,故

$$\sum_{x=0}^{m-1} e^{2\pi i\frac{ax}{m}} = m$$

今设 $m \nmid a$(表示 m 除不尽 a),则 $e^{2\pi i\frac{a}{m}} \neq 1$,因此

$$\sum_{x=0}^{m-1} e^{2\pi i\frac{ax}{m}} = \sum_{x=0}^{m-1} (e^{2\pi i\frac{a}{m}})^x = \frac{1-(e^{2\pi i\frac{a}{m}})^m}{1-e^{2\pi i\frac{a}{m}}} = 0$$

证毕.

定理 2.18　设 m 是正整数,p 为素数,$(p,m)=1$,$l\geqslant 1$为正整数,则

$$\sum_{h=1,(h,p^l)=1}^{p^l} e^{2\pi i\frac{hm}{p^l}} = \begin{cases} -1,l=1 \\ 0,l>1 \end{cases}$$

这里"$\sum\limits_{h=1,(h,p^l)=1}^{p^l}$"表示 h 通过模 p^l 的简化剩余系.

证　显然有

$$\sum_{h=1,(h,p^l)=1}^{p^l} e^{2\pi i\frac{hm}{p^l}} = \sum_{h=1}^{p^l} e^{2\pi i\frac{hm}{p^l}} - \sum_{h=1,(h,p^l)>1}^{p^l} e^{2\pi i\frac{hm}{p^l}} = \sum_{h=1}^{p^l} e^{2\pi i\frac{hm}{p^l}} - \sum_{h_1=1}^{p^{l-1}} e^{2\pi i\frac{h_1 m}{p^{l-1}}}$$

因为$(m,p)=1$，所以上式第一项为零(定理 2.17①).而第二项当 $l=1$ 时为 1，$l>1$ 时亦为零，定理证毕.

定理 2.19　设 q,m 为正整数，$(m,q)=1$，则有

$$\sum_{h=1,(h,q=1)}^{q} e^{2\pi i\frac{hm}{q}} = \mu(q)$$

这里$\mu(q)$的定义如下

$$\mu(q)=\begin{cases}1,\text{若 } q=1\\(-1)^s,\text{若 } q=p_1p_2\cdots p_s\\0,\text{若 } q \text{ 被一个素数的平方除尽}\end{cases} \tag{2.23}$$

$\mu(q)$称为麦比乌斯函数.

证　当 $q=1$ 时是显然的，当 $q=p^l(l\geqslant 1)$时就是上面的定理. 现设 q 的标准分解式为

$$q=p_1^{l_1}p_2^{l_2}\cdots p_s^{l_s}$$

我们若能证明对于 $q=q_1q_2$，$(q_1,q_2)=1$，恒有

$$\sum_{h=1,(h,q)=1}^{q} e^{2\pi i\frac{hm}{q}} = \sum_{h_1=1,(h_1,q_1)=1}^{q_1} e^{2\pi i\frac{h_1 m}{q_1}} \sum_{h_2=1,(h_2,q_2)=1}^{q_2} e^{2\pi i\frac{h_2 m}{q_2}}$$

则由 q 的标准分解式及上式就可推出定理的结论. 为此，我们令 $h=h_2q_1+h_1q_2$，这里 $q=q_1q_2$，$(q_1,q_2)=1$，h_1,h_2 分别通过模 q_1,q_2 的简化剩余系，则由定理 2.15

① 这里求和为 $1,2,\cdots,m$，当然与 $0,1,\cdots,m-1$ 是相同的.

知 h 通过模 q 的简化剩余系，因此我们得到

$$\sum_{h=1,(h,q)=1}^{q} e^{2\pi i\frac{hm}{q}} = \sum_{h_1=1,(h_1,q_1)=1}^{q_1} \sum_{h_2=1,(h_2,q_2)=1}^{q_2} e^{2\pi i\frac{(h_2q_1+h_1q_2)m}{q_1q_2}} =$$

$$\sum_{h_1=1,(h_1,q_1)=1}^{q_1} e^{2\pi i\frac{h_1m}{q_1}} \sum_{h_2=1,(h_2,q_2)=1}^{q_2} e^{2\pi i\frac{h_2m}{q_2}}$$

由上式立即推出当 $q=p_1^{l_1}p_2^{l_2}\cdots p_s^{l_s}$ 时有

$$\sum_{h=1,(h,q)=1}^{q} e^{2\pi i\frac{hm}{q}} = \sum_{h_1=1,(h_1,p_1^{l_1})=1}^{p_1^{l_1}} e^{2\pi i\frac{h_1m}{p_1^{l_1}}} \cdot \cdots \cdot$$

$$\sum_{h_s=1,(h_s,p_s^{l_s})=1}^{p_s^{l_s}} e^{2\pi i\frac{h_sm}{p_s^{l_s}}}$$

由上面的定理知道，若 $l_i(1\leqslant i\leqslant s)$ 中有一个大于或等于 2，则必有

$$\sum_{h=1,(h,q)=1}^{q} e^{2\pi i\frac{hm}{q}} = 0$$

而当 $q=p_1p_2\cdots p_s$ 时，则得下面的等式

$$\sum_{h=1,(h,q)=1}^{q} e^{2\pi i\frac{hm}{q}} = (-1)^s$$

定理证毕.

上面的两个定理是经常要用到的基本结果，它们的求和范围是完全剩余系与简化剩余系. 下面再来给出一个常用的最简单的三角和估计.

定理 2.20 设 $M_2>M_1$ 为两个整数，α 为实数，满足 $0<|\alpha|<\frac{1}{2}$，则

$$\left|\sum_{n=M_1}^{M_2} e^{2\pi i\alpha n}\right| \leqslant \min\left\{M_2-M_1, \frac{1}{2|\alpha|}\right\} \quad (2.24)$$

这里 min{ * , * * } 表示" * "" * * "中较小的一个.

证　因为

$$|e^{2\pi i\alpha n}| = |\cos 2\pi\alpha n + i\sin 2\pi\alpha n| = \sqrt{\cos^2 2\pi\alpha n + \sin^2 2\pi\alpha n} = 1$$

所以

$$\left|\sum_{n=M_1}^{M_2} e^{2\pi i\alpha n}\right| \leqslant \sum_{n=M_1}^{M_2} 1 = M_2 - M_1$$

另一方面,因为当 $0 < |\alpha| < \frac{1}{2}$ 时,$e^{2\pi i\alpha} \neq 1$,所以有

$$\sum_{n=M_1}^{M_2} e^{2\pi i\alpha n} = e^{2\pi i M_1\alpha} \sum_{n=0}^{M_2-M_1} e^{2\pi i\alpha n} = e^{2\pi i M_1\alpha} \frac{1 - e^{2\pi i(M_2-M_1+1)\alpha}}{1 - e^{2\pi i\alpha}}$$

因此

$$\left|\sum_{n=M_1}^{M_2} e^{2\pi i\alpha n}\right| \leqslant \frac{2}{|1 - e^{2\pi i\alpha}|} = \frac{2}{|e^{-\pi i\alpha} - e^{\pi i\alpha}|} = \frac{1}{|\sin \pi\alpha|} = \frac{1}{\sin \pi|\alpha|}$$

因为当 $0 < |\alpha| < \frac{1}{2}$ 时,有下面的不等式

$$\sin \pi|\alpha| \geqslant 2|\alpha|$$

所以由上式得到

$$\left|\sum_{n=M_1}^{M_2} e^{2\pi i\alpha n}\right| \leqslant \frac{1}{2|\alpha|}, 0 < |\alpha| < \frac{1}{2}$$

亦即我们证明了

$$\left|\sum_{n=M_1}^{M_2} e^{2\pi i\alpha n}\right| \leqslant \min\left\{M_2 - M_1, \frac{1}{2|\alpha|}\right\}$$

定理证毕.

§6 连分数及其应用

在前面我们已经讲过辗转相除法，设 a,b 为任意两个正整数，则可以得到下面一些等式

$$\begin{aligned}
a &= bq_1 + r_1, 0 < r_1 < b \\
b &= r_1 q_2 + r_2, 0 < r_2 < r_1 \\
r_1 &= r_2 q_3 + r_3, 0 < r_3 < r_2 \\
&\vdots \\
r_{n-2} &= r_{n-1} q_n + r_n, 0 < r_n < r_{n-1} \\
r_{n-1} &= r_n q_n
\end{aligned} \tag{2.25}$$

显然，上面的式子也可以改写成下面的形式

$$\begin{aligned}
\frac{a}{b} &= q_1 + \frac{r_1}{b}, 0 < \frac{r_1}{b} < 1 \\
\frac{b}{r_1} &= q_2 + \frac{r_2}{r_1}, 0 < \frac{r_2}{r_1} < 1 \\
\frac{r_1}{r_2} &= q_3 + \frac{r_3}{r_2}, 0 < \frac{r_3}{r_2} < 1 \\
&\vdots \\
\frac{r_{n-2}}{r_{n-1}} &= q_n + \frac{r_n}{r_{n-1}}, 0 < \frac{r_n}{r_{n-1}} < 1 \\
\frac{r_{n-1}}{r_n} &= q_n
\end{aligned}$$

由此我们将上面的第二式代入第一式得到

$$\frac{a}{b}=q_1+\cfrac{1}{\cfrac{b}{r_1}}=q_1+\cfrac{1}{q_2+\cfrac{r_2}{r_1}}$$

如果再将第三式代入上式即得

$$\frac{a}{b}=q_1+\cfrac{1}{q_2+\cfrac{1}{q_3+\cfrac{r_3}{r_2}}}$$

因此我们可将$\frac{a}{b}$表示成下面的式子

$$\frac{a}{b}=q_1+\cfrac{1}{q_2+\cfrac{1}{q_3+\cfrac{1}{q_4+\cfrac{}{\ddots+\cfrac{1}{q_n}}}}}$$

上式的右边我们称之为“连分数”.

例 2.3　把$\frac{105}{38}$写成连分数.

利用辗转相除法得到

$$105=38\times2+29$$

$$38=29\times1+9$$

$$29=9\times3+2$$

$$9=2\times4+1$$

$$2=1\times2$$

所以此时有

$$q_1=2, q_2=1, q_3=3, q_4=4, q_5=2$$

因此

$$\frac{105}{38}=2+\cfrac{1}{1+\cfrac{1}{3+\cfrac{1}{4+\cfrac{1}{2}}}} \tag{2.26}$$

下面来讨论 α 为任意实数的情形. 显然,当 α 不是整数时可写成

$$\alpha=q_1+\frac{1}{\alpha_2},\alpha_2>1$$

如果 α_2 不是整数,则有

$$\alpha_2=q_2+\frac{1}{\alpha_3},\alpha_3>1$$

若 $\alpha_3,\cdots,\alpha_{s-1}$不是整数,则我们得到

$$\alpha_3=q_3+\frac{1}{\alpha_4},\alpha_4>1$$

$$\vdots$$

$$\alpha_{s-1}=q_{s-1}+\frac{1}{\alpha_s},\alpha_s>1$$

即 α 亦可写成下面的连分数形式

$$\alpha=q_1+\cfrac{1}{q_2+\cfrac{1}{q_3+\cfrac{1}{q_4+\ddots+\cfrac{1}{q_{s-1}+\cfrac{1}{\alpha_s}}}}} \tag{2.27}$$

如果 α 是有理数,那么显然序列 $\alpha_2,\alpha_3,\cdots$一定会碰到整数,则就是前面的情形. 如果 α 是无理数,那么序列

$\alpha_2, \alpha_3, \cdots$ 显然不能遇到整数,这种表示过程也就会无限地继续下去,将得到一个无限连分数.

例 2.4　将 $\sqrt{28}$ 分解成连分数的形式.

我们有

$$\sqrt{28} = 5 + \frac{1}{\alpha_2}, \alpha_2 > 1$$

此处

$$\alpha_2 = \frac{1}{\sqrt{28} - 5} = \frac{\sqrt{28} + 5}{3} = 3 + \frac{1}{\alpha_3}, \alpha_3 > 1$$

$$\alpha_3 = \frac{3}{\sqrt{28} - 4} = \frac{\sqrt{28} + 4}{4} = 2 + \frac{1}{\alpha_4}, \alpha_4 > 1$$

$$\alpha_4 = \frac{4}{\sqrt{28} - 4} = \frac{\sqrt{28} + 4}{3} = 3 + \frac{1}{\alpha_5}, \alpha_5 > 1$$

$$\alpha_5 = \frac{3}{\sqrt{28} - 5} = \sqrt{28} + 5 = 10 + \frac{1}{\alpha_6}, \alpha_6 > 1$$

显见 $\alpha_6 = \alpha_2$,所以下面一定有

$$\alpha_7 = \alpha_3, \alpha_8 = \alpha_4, \alpha_9 = \alpha_5, \cdots$$

即我们得到了一个无限循环的连分数

$$\sqrt{28} = 5 + \cfrac{1}{3 + \cfrac{1}{2 + \cfrac{1}{3 + \cfrac{1}{10 + \cfrac{1}{3 + \cfrac{1}{2 + \cdots}}}}}} \tag{2.28}$$

现在我们再来考察下面的一般情形

$$\alpha=q_1+\cfrac{1}{q_2+\cfrac{1}{q_3+\begin{matrix}\ddots\\ \quad+\cfrac{1}{q_{s-1}+\cfrac{1}{\alpha_s}}\end{matrix}}}$$

我们把下面的分数

$$\delta_1=q_1,\delta_2=q_1+\frac{1}{q_2},\delta_3=q_1+\cfrac{1}{q_2+\cfrac{1}{q_3}},\cdots$$

叫作上面连分数的渐近分数. 不难看出,只要把 δ_{s-1} 中的 q_{s-1} 换成 $q_{s-1}+\frac{1}{q_s}$ 就得到 δ_s.

现在我们令

$$\delta_s=\frac{P_s}{Q_s}$$

则有

$$\delta_1=q_1=\frac{q_1}{1}=\frac{P_1}{Q_1}$$

$$\delta_2=q_1+\frac{1}{q_2}=\frac{q_2q_1+1}{q_2}=\frac{q_2q_1+1}{q_2\times 1+0}=\frac{P_2}{Q_2}$$

为此我们令

$$P_0=1,Q_0=0,P_1=q_1,Q_1=1$$

则有

$$\delta_2=\frac{P_2}{Q_2}=\frac{q_2P_1+P_0}{q_2Q_1+Q_0}$$

将上式中的 q_2 换成 $q_2+\frac{1}{q_3}$ 应该得到 δ_3,则有

$$\delta_3=\frac{(q_2+\frac{1}{q_3})P_1+P_0}{(q_2+\frac{1}{q_3})Q_1+Q_0}=\frac{q_3P_2+P_1}{q_3Q_2+Q_1}=\frac{P_3}{Q_3}$$

一般有

$$\delta_s=\frac{q_sP_{s-1}+P_{s-2}}{q_sQ_{s-1}+Q_{s-2}}=\frac{P_s}{Q_s}$$

由上面的讨论知,如果知道了 $q_1,q_2,\cdots$,就可以根据下面的递推公式来求得渐近分数 $\delta_s=\frac{P_s}{Q_s}$. 于是

$$P_0=1,Q_0=0,P_1=q_1,Q_1=1$$
$$P_s=q_sP_{s-1}+P_{s-2}$$
$$Q_s=q_sQ_{s-1}+Q_{s-2}$$

这样的计算可以用下表来做

q_s		q_1	q_2	$\cdots$	q_{s-2}	q_{s-1}	q_s	$\cdots$	q_{n-1}	q_n
P_s	1	q_1	P_2	$\cdots$	P_{s-2}	P_{s-1}	P_s	$\cdots$	P_{n-1}	a
Q_s	0	1	Q_2	$\cdots$	Q_{s-2}	Q_{s-1}	Q_s	$\cdots$	Q_{n-1}	b

在例 2.3 中我们有下面的表

q_s		2	1	3	4	2
P_s	1	2	3	11	47	105
Q_s	0	1	1	4	17	38

下面我们来考虑两个相邻渐近分数之差 $\delta_s-\delta_{s-1}$ $(s>1)$. 按定义,有

$$\delta_s-\delta_{s-1}=\frac{P_s}{Q_s}-\frac{P_{s-1}}{Q_{s-1}}=\frac{P_sQ_{s-1}-Q_sP_{s-1}}{Q_sQ_{s-1}}$$

令

$$h_s=P_sQ_{s-1}-Q_sP_{s-1}$$

将 $P_s=q_sP_{s-1}+P_{s-2}$ 及 $Q_s=q_sQ_{s-1}+Q_{s-2}$ 代入上式得到

$$h_s=(q_sP_{s-1}+P_{s-2})Q_{s-1}-(q_sQ_{s-1}+Q_{s-2})P_{s-1}=-h_{s-1}$$

但是

$$h_1=q_1\times 0-1\times 1=-1$$

所以

$$h_s=(-1)^s$$

即证明了下面的公式

$$\frac{P_s}{Q_s}-\frac{P_{s-1}}{Q_{s-1}}=\frac{(-1)^s}{Q_sQ_{s-1}},s>1 \qquad (2.29)$$

另外我们从

$$P_sQ_{s-1}-Q_sP_{s-1}=(-1)^s \qquad (2.30)$$

亦看出必有 $(P_s,Q_s)=1$,即渐近分数 $\frac{P_s}{Q_s}$ 一定是既约的.

下面我们来研究用渐近分数 δ_s 逼近实数 α 的精度. 先从下面的公式出发

$$\alpha=q_1+\frac{1}{\alpha_2},\alpha_2>1$$

若用 q_2 代替 α_2,则显然 α 的值变大,即

$$\alpha<\delta_2$$

但如果用 q_3 代替下式中的 α_3,有

$$\alpha=q_1+\cfrac{1}{q_2+\cfrac{1}{\alpha_3}},\alpha_3>1$$

则显然 α 的值要变小,即有

$$\alpha>\delta_3$$

由此不难看出，当 $\alpha \neq \delta_s$ 时，有

$$\alpha - \delta_s > 0\text{，当 } s \text{ 为奇数时}$$

$$\alpha - \delta_s < 0\text{，当 } s \text{ 为偶数时}$$

换句话说，$\delta_s - \alpha$ 和 $\delta_{s-1} - \alpha$ 有不同的符号. 由此推出下面的不等式

$$|\alpha - \delta_{s-1}| < |\delta_s - \delta_{s-1}|$$

但由(2.30)，知

$$|\delta_s - \delta_{s-1}| \leqslant \frac{1}{Q_s Q_{s-1}}$$

所以当 $\alpha \neq \delta_s$ 时不等式

$$|\alpha - \delta_{s-1}| < \frac{1}{Q_s Q_{s-1}},s > 1 \tag{2.31}$$

成立，但当 $\alpha = \delta_s$ 时，上面的不等式由(2.30)推出，所以我们证明了，对任意的 $s > 1$，恒有

$$\left|\alpha - \frac{P_{s-1}}{Q_{s-1}}\right| \leqslant \frac{1}{Q_s Q_{s-1}} \tag{2.32}$$

下面我们来举例说明不等式(2.31)的应用.

例2.5　试用一个有理数去近似 $\sqrt{28}$，使其精确到 10^{-4}.

我们有下面的表

q_s		5	3	2	3	10	3	2	…
P_s	1	5	16	37	127	1 307			
Q_s	0	1	3	7	24	247			

因为 $247^2 > 10^4$，所以由不等式(2.31)知

$$\left|\sqrt{28} - \frac{1\,307}{247}\right| < \frac{1}{247^2} < 10^{-4}$$

由于现在 $s=6$,故$\frac{1\ 307}{247}$为 $\sqrt{28}$ 精确到 10^{-4} 的不足近似值.

现在来证明下面的重要定理.

定理 2.21　设 $\tau\geqslant 1$,则对任一实数 α,一定可以找到有理数$\frac{a}{q}$,$(a,q)=1$,$q\leqslant\tau$,使得

$$\left|\alpha-\frac{a}{q}\right|\leqslant\frac{1}{q\tau}$$

证　若 α 为无理数,则一定可以找到一个 $s>1$ 使得

$$Q_{s-1}\leqslant\tau<Q_s$$

由(2.31)得到

$$\left|\alpha-\frac{P_{s-1}}{Q_{s-1}}\right|\leqslant\frac{1}{Q_sQ_{s-1}}\leqslant\frac{1}{Q_{s-1}\tau}$$

所以只要取 $P_{s-1}=a$,$Q_{s-1}=q$ 就行.

若 α 为有理数,$\alpha=\frac{m}{n}$,$(m,n)=1$,当 $n\leqslant\tau$ 时,定理显然成立(取 $a=m$,$q=n$). 而当 $n>\tau$ 时,上面的证明方法仍然成立. 于是,定理证毕.

上面的定理在证明哥德巴赫的第二个猜想时要用到,关于连分数的理论及其应用有专门的著作,我们这里介绍的只是最基本的知识,它在生产实践中有重要的应用. 例如,若我们要用齿轮来联系两个转轴,使它们角速度的比值等于所给的数 α. 因为两齿轮的角速度和齿数成反比例,故齿数的反比即等于 α. 但 α 可能是无理数,而齿数总是整数,且不能太大. 因此我们遇

到的问题就是要用一个分母不太大的有理数去精确地逼近一个无理数(或有理数). 最好的方法就是将数 α 展开成连分数,用它的渐近分数来作为其近似值,这种方法在生产实践中已经被采用了,此处不再赘述.

第3章 素数分布

关于素数的分布有许多问题，有的已经解决了，有的直到现在还没有解决. 素数分布中一个最重要的问题是关于素数的个数问题. 我们常用 $\pi(x)$ 来表示不超过 x 的素数的个数. 由定义知

$$\pi(x)=0, x<2$$

$$\pi(x)=1, 2\leqslant x<3$$

$$\pi(x)=2, 3\leqslant x<5$$

$$\vdots$$

$$\pi(x)=n, p_n\leqslant x<p_{n+1}$$

这里 p_n 表示第 n 个素数.

欧几里得曾证明了素数的个数有无限多个，即

$$\lim_{x\to\infty}\pi(x)=\infty$$

上式的证明是很简单的，可用反证法求证，但这里我们不再叙述，而要介绍欧拉关于素数个数是无限的另一个证明，因为欧拉所引进的方法有很重要的意义.

§1　欧拉的贡献

18 世纪伟大的数学家欧拉,可以说是数论的创始人之一. 他一生共发表过 756 篇论文,一直到去世他的论文还没有发表完. 在他的全部论文中,数论方面的论文就占了 100 多篇. 在这里我们仅谈谈他对于素数分布方面的研究工作,有深刻影响的欧拉恒等式.

设 p_k 是任意素数,$m \geqslant 1$,则有

$$\frac{1}{1-\frac{1}{p_k^m}}=1+\frac{1}{p_k^m}+\frac{1}{p_k^{2m}}+\cdots \tag{3.1}$$

若不超过已知数 N 的素数为 $p_1, p_2, \cdots, p_n$,对它们写出上面的公式

$$\frac{1}{1-\frac{1}{p_1^m}}=1+\frac{1}{p_1^m}+\frac{1}{p_1^{2m}}+\cdots$$

$$\frac{1}{1-\frac{1}{p_2^m}}=1+\frac{1}{p_2^m}+\frac{1}{p_2^{2m}}+\cdots$$

$$\vdots$$

$$\frac{1}{1-\frac{1}{p_n^m}}=1+\frac{1}{p_n^m}+\frac{1}{p_n^{2m}}+\cdots$$

将上面这些式子相乘得到

$$\prod_{k=1}^{n}\frac{1}{1-\frac{1}{p_k^m}}=1+\frac{1}{2^m}+\frac{1}{3^m}+\cdots+$$

$$\frac{1}{N^m}+\frac{1}{N_1^m}+\frac{1}{N_2^m}+\cdots \qquad (3.2)$$

因为 $p_1,p_2,\cdots,p_n$ 是小于 N 的全部素数,所以上面公式的前 N 项都已写出. 但在 N 以后的自然数不一定都会在 $N_1,N_2\cdots$ 中出现.

现在假定 $m>1$,因为无穷级数

$$\sum_{l=1}^{\infty}\frac{1}{l^m}=1+\frac{1}{2^m}+\frac{1}{3^m}+\cdots$$

收敛,所以对于任给的 $\varepsilon>0$,一定可以找到一个自然数 N,使得

$$\frac{1}{(N+1)^m}+\frac{1}{(N+2)^m}+\cdots<\varepsilon$$

所以更有

$$\frac{1}{N_1^m}+\frac{1}{N_2^m}+\cdots<\varepsilon$$

因此当 n 无限增大时,也就是 N 无限增大时,即得

$$\prod_{k=1}^{\infty}\left(1-\frac{1}{p_k^m}\right)^{-1}=\sum_{l=1}^{\infty}\frac{1}{l^m},m>1$$

上面的公式就是著名的欧拉公式. 在这里,欧拉最早把数学分析的方法用来研究数论,所以我们说欧拉是分析数论的创始人. 这种方法对以后数论的发展产生了深远的影响. 特别是建立了素数分布与函数论之间的本质联系,使得素数分布的问题,借助于分析方法(解析方法)获得了很深刻的研究.

由于公式(3.1)对 $m=1$ 的情形亦成立,所以公式

(3.2)对 $m=1$ 的情形亦是正确的,即有

$$\prod_{k=1}^{n}\frac{1}{1-\frac{1}{p_k}}=1+\frac{1}{2}+\frac{1}{3}+\cdots+\frac{1}{N}+\frac{1}{N_1}+\frac{1}{N_2}+\cdots$$

所以

$$\prod_{k=1}^{n}(1-\frac{1}{p_k})^{-1}>\sum_{l=1}^{N}\frac{1}{l}$$

现在设 N 无限增大,因为调和级数

$$\sum_{l=1}^{\infty}\frac{1}{l}$$

是发散的,所以当 N 无限增大时

$$\sum_{l=1}^{N}\frac{1}{l}$$

亦无限增大,由此推出 n 亦必无限增大,这就证明了素数的个数是无限的.

上面的方法可以推广得到下面的欧拉恒等式:

设 $f(n)$ 为可乘函数,即下式成立

$$f(mn)=f(m)f(n),(m,n)=1$$

则下面的恒等式也必成立

$$\sum_{n=1}^{\infty}f(n)=\prod_{p}(1+f(p)+f(p^2)+\cdots)\quad(3.3)$$

这里“$\prod_{p}$”表示通过所有素数的无穷乘积. 这里等式成立的条件为

$$\sum_{n=1}^{\infty}|f(n)|$$

收敛,或

$$\prod_p (1+|f(p)|+|f(p^2)|+\cdots) \qquad (3.4)$$

收敛.

若对任意的 n,m 恒有

$$f(nm)=f(n)f(m)$$

则式(3.3)还可改写成

$$\sum_{n=1}^{\infty} f(n) = \prod_p (1-f(p))^{-1} \qquad (3.5)$$

关于(3.5)的证明就不再介绍了.

§2 素数定理

上面我们已经证明了素数的个数是无限的. 这当然是很初等的结果,为了进一步研究 $\pi(x)$ 的性质,我们先来看看下面这张数据表:

从	到	素数个数
1	100	25
101	200	21
201	300	16
301	400	16
401	500	17
501	600	14
601	700	16

续表

从	到	素数个数
701	800	14
801	900	15
901	1 000	14
1	1 000	168
1 001	2 000	135
2 001	3 000	127
3 001	4 000	120
4 001	5 000	119
5 001	6 000	114
6 001	7 000	117
7 001	8 000	107
8 001	9 000	110
9 001	10 000	112

从上面这张表来看,素数在每一百个数和每一千个数中很不规则地分布着.但是随着数据的增加,可以看出,函数 $\pi(x)$ 也在增加,因此猜想它可能有一个渐近表示式.高斯做了大量的计算,然后建议用$\frac{1}{\log x}$来表示大整数 x 附近的素数分布的平均密度.因此他用

$$\int_2^x \frac{\mathrm{d}t}{\log t}$$

来渐近表示 $\pi(x)$.为了方便起见,常用"对数积分"

$$\mathrm{Li}\, x = \lim_{\eta \to 0}\left(\int_0^{1-\eta} \frac{\mathrm{d}t}{\log t} + \int_{1-\eta}^{x} \frac{\mathrm{d}t}{\log t}\right)$$

来代替上面的函数.它们之差为一个常数

$$\mathrm{Li}\ 2 = 1.04\cdots$$

下面这张表有力地支持了高斯的建议：

x	$\pi(x)$	$\frac{x}{\log x}$	$\mathrm{Li}\ x$
1 000	168	145	178
10 000	1 229	1 086	1 246
100 000	9 592	8 686	9 630
1 000 000	78 498	72 382	78 628
10 000 000	664 579	620 417	664 918
100 000 000	5 761 455	5 428 613	5 762 209
1 000 000 000	50 847 478	48 254 630	50 849 235

对 $\pi(x)$ 的研究还必须提到勒让德的工作，他在高斯以前就想到用

$$\frac{x}{\log x - 1.08366}$$

渐近表示 $\pi(x)$. 由微积分中的洛必达法则知道

$$\lim_{x\to\infty}\frac{\mathrm{Li}\ x}{\frac{x}{\log x}} = \lim_{x\to\infty}\frac{(\mathrm{Li}\ x)'}{\left(\frac{x}{\log x}\right)'} = \lim_{x\to\infty}\frac{\frac{1}{\log x}}{\frac{1}{\log x}-\frac{1}{\log^2 x}} = 1$$

因此如果我们只考虑 $\pi(x)$ 当 x 很大时的主要部分，那么勒让德与高斯的猜想都可以用下面的式子表示出来

$$\lim_{x\to\infty}\frac{\pi(x)}{\frac{x}{\log x}} = 1 \tag{3.6}$$

这就是著名的"素数定理". 它是素数分布理论的中心定理. 百年来，决定素数定理的真伪问题，曾吸引了许多数学家的注意.

切比雪夫首先对这个问题做出了重要的贡献. 1850 年他证明了下面的结果:存在两个正数 C_1,C_2 使得不等式

$$C_1 \frac{x}{\log x} < \pi(x) < C_2 \frac{x}{\log x}$$

成立,这就是著名的切比雪夫不等式.

这里 C_1 与 C_2 的值是可以具体算出的,以后有许多数学家不断地改进它,但是这些方法似乎不可能用来证明式(3.6).

切比雪夫的贡献不仅在于他证明了上面的不等式,同时他还引进了两个函数

$$\vartheta(x) = \sum_{p \leqslant x} \log p$$

及

$$\psi(x) = \sum_{n \leqslant x} \Lambda(n)$$

这里

$$\Lambda(n) = \begin{cases} \log p, \text{若 } n \text{ 为素数 } p \text{ 的方幂} \\ 0, \text{其他情形} \end{cases} \tag{3.7}$$

他证明了下面两个式子都等价于素数定理

$$\lim_{x \to \infty} \frac{\vartheta(x)}{x} = 1 \tag{3.8}$$

与

$$\lim_{x \to \infty} \frac{\psi(x)}{x} = 1 \tag{3.9}$$

切比雪夫所引进的这两个函数 $\vartheta(x)$ 与 $\psi(x)$,对后来研究素数分布的许多问题产生了深远的影响.

1896 年,阿达玛和瓦莱 · 泊桑独立地证明了素数

定理. 但他们的证明方法都用到了精深的复变函数论方法. 这里应当特别提到的是,这些方法都受到了黎曼工作的影响,因为正是黎曼在 1859 年得出的关于著名的黎曼 ζ - 函数的研究工作,为尔后用复变函数论方法研究素数分布问题开辟了道路.

能否用比较初等的方法来证明素数定理呢? 这正是数论中的著名难题之一. 直到 1949 年才由爱多士及塞尔伯格给出了素数定理的初等证明. 这是一项很值得称道的工作. 我们打算放在第 4 章来给出素数定理的初等证明.

§3 切比雪夫不等式

现在来证明下面的切比雪夫不等式

$$\frac{x}{5\log x}\leqslant\pi(x)\leqslant\frac{5x}{\log x},x\geqslant 2$$

为此,我们需要引进几个辅助引理.

引理 3.1 设 n 为正整数,令

$$N=\frac{(2n)!}{(n!)^2} \tag{3.10}$$

则有

$$(\pi(2n)-\pi(n))\log n\leqslant\log N\leqslant\pi(2n)\log 2n$$

证 设

$$N=\prod_{p\leqslant 2n}p^{\alpha_p}$$

为 N 的标准分解式，则由定理2.13的推论知

$$\alpha_p = \sum_{r=1}^{\infty}\left[\frac{2n}{p^r}\right] - 2\sum_{r=1}^{\infty}\left[\frac{n}{p^r}\right]$$

因为当 $r > \left[\frac{\log 2n}{\log p}\right]$ 时，$p^r > 2n$，所以

$$\alpha_p = \sum_{r=1}^{\left[\frac{\log 2n}{\log p}\right]}\left(\left[\frac{2n}{p^r}\right] - 2\left[\frac{n}{p^r}\right]\right)$$

下面来证明

$$\left[\frac{2n}{p^r}\right] - 2\left[\frac{n}{p^r}\right] \leqslant 1 \qquad (3.11)$$

我们定义 $\{x\} = x - [x]$，并称 $\{x\}$ 为 x 的分数部分，显见有 $0 \leqslant \{x\} < 1$，所以

$$\left[\frac{2n}{p^r}\right] - 2\left[\frac{n}{p^r}\right] = 2\left\{\frac{n}{p^r}\right\} - \left\{\frac{2n}{p^r}\right\} \qquad (3.12)$$

若 $\left\{\frac{n}{p^r}\right\} \leqslant \frac{1}{2}$，则(3.11)已经证明，所以只要讨论 $\left\{\frac{n}{p^r}\right\} > \frac{1}{2}$ 的情形. 现设

$$\left\{\frac{n}{p^r}\right\} = \frac{1}{2} + \lambda, 0 < \lambda < \frac{1}{2}$$

将它代入(3.12)便得

$$\left[\frac{2n}{p^r}\right] - 2\left[\frac{n}{p^r}\right] = 1 + 2\lambda - \{1 + 2\lambda\} = 1 + 2\lambda - 2\lambda = 1$$

所以不论何种情形，(3.11)恒成立. 由(3.11)立即推出

$$\alpha_p \leqslant \sum_{r=1}^{\left[\frac{\log 2n}{\log p}\right]} 1 \leqslant \left[\frac{\log 2n}{\log p}\right] \leqslant \frac{\log 2n}{\log p} \qquad (3.13)$$

再由 N 的标准分解式及(3.13)得到

$$\log N=\sum_{p\leqslant 2n}\alpha_p\log p\leqslant\sum_{p\leqslant 2n}\log 2n=\log 2n\sum_{p\leqslant 2n}1$$

上面的不等式即为

$$\log N\leqslant\pi(2n)\log 2n \tag{3.14}$$

另一方面,若 $n<p\leqslant 2n$,则

$$p\mid(2n)!,(p,(n!)^2)=1$$

所以必有 $p\mid N$,从而有不等式

$$N\geqslant\prod_{n<p\leqslant 2n}p \tag{3.15}$$

将上式两边取对数得到

$$\log N\geqslant\sum_{n<p\leqslant 2n}\log p>\log n\sum_{n<p\leqslant 2n}1=(\pi(2n)-\pi(n))\log n$$

由上式及(3.14)引理得证.

引理 3.2 下面的不等式成立

$$n\log 2\leqslant\log N\leqslant 2n\log 2 \tag{3.16}$$

证 因为 N 是 $(1+x)^{2n}$ 的展开式中 x^n 的系数,所以

$$N\leqslant(1+1)^{2n}=2^{2n}$$

另一方面

$$N=\frac{(2n)!}{(n!)^2}=\frac{2n(2n-1)\cdots(n+1)}{n!}=2\left(2+\frac{1}{n-1}\right)\cdots\left(2+\frac{n-1}{1}\right)\geqslant 2^n$$

即我们证明了

$$2^n\leqslant N\leqslant 2^{2n} \tag{3.17}$$

两边取对数,得(3.16).

引理 3.3 设 $k\geqslant 0$,则有下面的不等式

$$\pi(2^{k+1})\leqslant 2^k$$

证　当 $x>9$ 时,由奇数、偶数的讨论知

$$\pi(x)\leqslant\frac{x}{2}$$

而

$$\pi(2)=1=2^0,\pi(2^2)=2^1,\pi(2^3)=2^2$$

引理得证.

有了上面几个引理后,我们就可以来证明切比雪夫不等式了.

设 $x\geqslant 6$,令 $n=\left[\frac{x}{2}\right]$,则有

$$2n\leqslant x<3n$$

由(3.14)及(3.16)得到

$$\pi(x)\log x\geqslant\pi(2n)\log 2n\geqslant\log N\geqslant n\log 2>\frac{\log 2}{3}x>\frac{x}{5}$$

当 $2\leqslant x\leqslant 6$ 时,$\frac{x}{\log x}$的最大值是$\frac{6}{\log 6}$,因此有下面的不等式

$$\frac{x}{5\log x}\leqslant\frac{6}{5\log 6}<1\leqslant\pi(2)\leqslant\pi(x)$$

所以我们证明了当 $x\geqslant 2$ 时有

$$\pi(x)\geqslant\frac{x}{5\log x}\tag{3.18}$$

另一方面,由(3.10)及(3.16)还可得到

$$(\pi(2n)-\pi(n))\log n\leqslant\log N\leqslant 2n\log 2$$

以 $n=2^k$ 代入上式,有

$$k(\pi(2^{k+1})-\pi(2^k))\leqslant 2^{k+1}$$

再利用引理3.3的结果 $\pi(2^{k+1})\leqslant 2^k$,可以得到下面

的不等式

$$(k+1)\pi(2^{k+1})-k\pi(2^k)\leqslant 2^{k+1}+\pi(2^{k+1})\leqslant 3\times 2^k$$

任意给定一个正整数 m,在上式中逐一取 $k=0,1,2,\cdots,m-1$ 而得到 m 个不等式,将这些不等式加起来即得

$$m\pi(2^m)\leqslant 3(1+2+\cdots+2^{m-1})<3\times 2^{m-1}\tag{3.19}$$

对任一 $x\geqslant 2$,必有 m 存在,使得 $2^{m-1}\leqslant x<2^m$. 所以有 $\frac{1}{m}<\frac{\log 2}{\log x}$,再由(3.19)立即得到

$$\pi(x)\leqslant\pi(2^m)\leqslant\frac{1}{m}\times 3\times 2^m\leqslant 6\log 2\,\frac{x}{\log x}\leqslant 5\,\frac{x}{\log x}$$

结合(3.18)我们证明了,当 $x\geqslant 2$ 时,不等式

$$\frac{x}{5\log x}\leqslant\pi(x)\leqslant\frac{5x}{\log x}\tag{3.20}$$

成立.

切比雪夫不等式是素数分布理论中的一个重要结果,它的证明方法可以说是完全初等的. 下面来给出切比雪夫不等式的几个应用:

(1)当 $n\geqslant 2$ 时,有

$$\frac{1}{10}n\log n\leqslant p_n\leqslant 20n\log n$$

证 因为 $\pi(p_n)=n$,所以在(3.20)中令 $x=p_n$ 就得到下面的不等式

$$\frac{p_n}{5\log p_n}\leqslant n\leqslant\frac{5p_n}{\log p_n}\tag{3.21}$$

由左边的不等式得到

$$p_n\leqslant 5n\log p_n\tag{3.22}$$

将上式两边取对数,得到

$$\log p_n \leqslant \log 5n + \log\log p_n$$

因为当 $x>1$ 时，$\log x<\frac{x}{2}$，所以

$$\log\log p_n<\frac{1}{2}\log p_n$$

即由上面的不等式可以推出

$$\frac{1}{2}\log p_n \leqslant \log 5n$$

当 $n\geqslant 5$ 时，由上面的不等式还可推出

$$\log p_n \leqslant 4\log n \tag{3.23}$$

所以由(3.22)及(3.23)得到

$$p_n \leqslant 20n\log n, n\geqslant 5 \tag{3.24}$$

再由(3.21)的右边得到

$$p_n \geqslant \frac{1}{5}n\log p_n \tag{3.25}$$

所以当 $n\geqslant 25$ 时，有

$$\log p_n \geqslant \log\frac{n}{5}+\log\log p_n \geqslant \log\frac{n}{5} \tag{3.26}$$

由此可推出：当 $n\geqslant 25$ 时，有

$$\log p_n \geqslant \log\sqrt{n}=\frac{1}{2}\log n \tag{3.27}$$

由(3.25)及(3.27)得到

$$p_n \geqslant \frac{1}{10}n\log n, n\geqslant 25 \tag{3.28}$$

上式及(3.24)推出当 $n\geqslant 25$ 时，有下面的不等式

$$\frac{1}{10}n\log n \leqslant p_n \leqslant 20n\log n \tag{3.29}$$

当 $2\leqslant n\leqslant 25$ 时，对应的素数为

3,5,7,11,13,17,19,23,29,31,37,41,43,

$$47,53,59,61,67,71,73,79,83,89,97$$

将其直接代入,不难看出(3.29)亦成立,所以我们证明了当 $n\geqslant 2$ 时,有

$$\frac{1}{10}n\log n\leqslant p_n\leqslant 20n\log n \qquad (3.30)$$

(2)

$$\sum_{p\leqslant x}\frac{1}{p}\leqslant 16\log\log x, x>9 \qquad (3.31)$$

证 显然有

$$\sum_{p\leqslant x}\frac{1}{p}\leqslant\sum_{p\leqslant p_{[x]}}\frac{1}{p}\leqslant\sum_{k\leqslant[x]}\frac{1}{p_k}$$

由不等式(3.30)得到

$$\sum_{k\leqslant[x]}\frac{1}{p_k}=\sum_{k\leqslant 10}\frac{1}{p_k}+\sum_{10<k\leqslant[x]}\frac{1}{p_k}\leqslant\sum_{10<k\leqslant x}\frac{10}{k\log k}+3$$

而

$$\sum_{10<k\leqslant x}\frac{1}{k\log k}=\sum_{10<k\leqslant x}\int_{k-1}^{k}\frac{\mathrm{d}t}{k\log k}\leqslant\sum_{9\leqslant k\leqslant x}\int_{k-1}^{k}\frac{\mathrm{d}t}{k\log k}\leqslant$$

$$\int_{9}^{x}\frac{\mathrm{d}t}{t\log t}\leqslant\log\log x$$

即我们证明了

$$\sum_{p\leqslant x}\frac{1}{p}\leqslant 10\log\log x+3, x>9$$

因为当 $x>9$ 时,$2\log\log x>1$,所以

$$\sum_{p\leqslant x}\frac{1}{p}\leqslant 16\log\log x, x>9$$

利用上面的不等式,我们可以证明:

(3)

$$\prod_{p\leqslant x}\left(1-\frac{1}{p}\right)\geqslant\frac{1}{\log^{32}x}, x>9 \qquad (3.32)$$

证　令

$$y=\prod_{p\leqslant x}\left(1-\frac{1}{p}\right)$$

则

$$\log y=\log\prod_{p\leqslant x}\left(1-\frac{1}{p}\right)=\sum_{p\leqslant x}\log\left(1-\frac{1}{p}\right)\tag{3.33}$$

因为当 $0\leqslant\alpha\leqslant\frac{1}{2}$ 时，$2\alpha+\log(1-\alpha)\geqslant 0$，所以

$$\log\left(1-\frac{1}{p}\right)\geqslant-\frac{2}{p}$$

将上面的不等式代入(3.33)得到

$$\log y\geqslant-2\sum_{p\leqslant x}\frac{1}{p}$$

再将(3.31)代入上式得到

$$\log y\geqslant-32\log\log x$$

即

$$y\geqslant\frac{1}{\log^{32}x},x>9$$

上面我们得到的几个不等式当然是很粗糙的，但是对于后面的需要，这些不等式也够用了．下面我们利用不等式(3.32)来证明欧拉函数 $\varphi(n)$ 的一个性质．

定理 3.1　当 $n>27$ 时，有

$$\varphi(n)>n(3\log\log n)^{-32}\tag{3.34}$$

证　设 n 的标准分解式为

$$n=p_1^{\alpha_1}p_2^{\alpha_2}\cdots p_k^{\alpha_k}$$

若我们用 $\omega(n)$ 记作 n 的不同素因子的个数，则有 $k=\omega(n)$．由定理 2.16 知

$$\varphi(n)=n\prod_{p|n}(1-\frac{1}{p})$$

显然，当 $\omega(n)\leqslant 5$ 时定理是成立的，下面假定 $\omega(n)>5$. 因为

$$\prod_{p|n}(1-\frac{1}{p})\geqslant\prod_{p\leqslant p_{\omega(n)}}(1-\frac{1}{p})$$

利用不等式(3.32)得到

$$\prod_{p|n}(1-\frac{1}{p})\geqslant\frac{1}{\log^{32}p_{\omega(n)}},p_{\omega(n)}>9\quad(3.35)$$

下面我们要对 $\omega(n)$ 来进行估计. 由 n 的标准分解式看出

$$n\geqslant p_1p_2\cdots p_k\geqslant\prod_{p\leqslant p_{\omega(n)}}p$$

所以将上式两边取对数有

$$\log n\geqslant\sum_{p\leqslant p_{\omega(n)}}\log p\geqslant\log 2\sum_{p\leqslant p_{\omega(n)}}1=\omega(n)\log 2$$

即证明了

$$\omega(n)\leqslant\frac{\log n}{\log 2}\leqslant 2\log n$$

由上面的不等式及(3.30)又得到

$$p_{\omega(n)}\leqslant 10\omega(n)\log\omega(n)\leqslant 20\log n\log\omega(n)$$

因为 $\omega(n)\leqslant n$，所以当 $n>9$ 时，有

$$p_{\omega(n)}\leqslant 20\log^2 n\leqslant\log^7 n$$

再将上面的不等式代入式(3.35)，得到当 $n>27$ 时，有

$$\prod_{p|n}(1-\frac{1}{p})\geqslant\frac{1}{(\log 7+\log\log n)^{32}}\geqslant\frac{1}{(3\log\log n)^{32}}$$

所以,当 $n>27$ 时(3.34)成立,证毕.

上面的结果虽然很不精确,但在第5章中还要用到.

§4　阶的估计

本节要介绍阶的概念及其计算,它是研究解析数论的必不可少的工具,必须熟练掌握.

符号 O:设 $f(x)$ 是任一函数,$g(x)$ 是一个正值函数,若能找到一个正数 A(它是与 x 无关的常数),使得对充分大的 x 恒有

$$|f(x)|\leqslant Ag(x)$$

则当 $x\to\infty$ 时,有

$$f(x)=O(g(x))$$

例如,由切比雪夫不等式可推出

$$\pi(x)=O\left(\frac{x}{\log x}\right) \tag{3.36}$$

及

$$\sum_{p\leqslant x}\frac{1}{p}=O(\log\log x) \tag{3.37}$$

由定理3.1知,当 $n\to\infty$ 时,有

$$\frac{1}{\varphi(n)}=O\left(\frac{(\log\log n)^{32}}{n}\right) \tag{3.38}$$

例3.1　对任意正整数 n,下面的估计式成立

$$x^n=O(e^x) \tag{3.39}$$

证 因为

$$e^x = 1 + x + \frac{x^2}{2!} + \frac{x^3}{3!} + \cdots + \frac{x^n}{n!} + \cdots$$

所以当 $n \to \infty$ 时，有

$$x^n \leqslant n!\ e^x$$

此即

$$x^n = O(e^x)$$

因为对任意正数 α，恒有 n 存在，使得 $\alpha \leqslant n$，所以对任意正数 α，有

$$x^\alpha = O(e^x) \qquad (3.40)$$

现在我们作一变换，令

$$x = \log y$$

则(3.40)就变成，当 $y \to \infty$ 时对任意正数 α 有

$$\log^\alpha y = O(y) \qquad (3.41)$$

如果在(3.40)中令 $x = c\sqrt{\log y}$，这里 c 为任一正常数，则得到

$$\log^{\frac{\alpha}{2}} y = O(e^{c\sqrt{\log y}})$$

由于 α 的任意性，上式可改写成

$$\log^\alpha y = O(e^{c\sqrt{\log y}}) \qquad (3.42)$$

例如，可取 $\alpha = 100$，$c = \frac{1}{8}$，则从上式得到

$$\log^{100} y = O(e^{\frac{1}{8}\sqrt{\log y}}) \qquad (3.43)$$

由于 α 可任意大，故由(3.41)还可推出：

对任给 $\varepsilon > 0$，估计式

$$\log y = O(y^\varepsilon) \qquad (3.44)$$

成立,及

$$\log\log y = O(\log^{\varepsilon} y) \tag{3.45}$$

上面几个式子是非常基本的,必须熟练掌握.

若当 $x\to\infty$ 时 $f(x)$ 为一个有界量,则记作

$$f(x) = O(1)$$

即此时可取 $g(x)\equiv 1$. 例如

$$\sin x = O(1)$$

$$\frac{1}{x} = O(1)$$

$$\frac{\log x}{x} = O(1)$$

$$\frac{x}{x-4} = O(1)$$

$$\frac{\pi(x)}{\frac{x}{\log x}} = O(1)$$

等等.

若

$$f_1(x) = O(g_1(x))$$

$$f_2(x) = O(g_2(x))$$

则有

$$f_1(x) + f_2(x) = O(g_1(x) + g_2(x))$$

$$f_1(x) \cdot f_2(x) = O(g_1(x) \cdot g_2(x))$$

例如

$$\sin x = O(1)$$

$$\frac{1}{\sqrt{x}} = O(1)$$

所以

$$\sin x+\frac{1}{\sqrt{x}}=O(1)$$

$$\frac{\sin x}{\sqrt{x}}=O(1)$$

上面引进的这些简单运算可以使一些很复杂的量用一个简单的符号来表示. 例如,我们很容易看出下面式子的正确性

$$\frac{\log^2 x}{x}+\sin^3 x+\frac{5x^4}{x^6+10}+\frac{18x^5}{e^x}=O(1)$$

上面我们是对 $x\to\infty$ 的极限过程来引进符号 O 的,实际上,$x\to\infty$ 也可以换成 $x\to 0$,或 $x\to a$(a 为某一实数),例如,当 $x\to 0$ 时,有

$$\lim_{x\to 0}\frac{\sin x}{x}=1$$

所以,当 $x\to 0$ 时,有

$$\sin x=O(|x|)$$

下面几个式子也是显然成立的

$$x^2=O(|x|),x\to 0$$

$$e^x=O(1),x\to 0$$

$$\frac{3}{2+x}=O(1),x\to 0$$

等等.

例 3.2 当 $x\to 0$ 时,有

$$e^{2\pi ix}-1=O(|x|) \tag{3.46}$$

证 因为

$$e^{2\pi ix}=\cos 2\pi x+i\sin 2\pi x=1-2\sin^2\pi x+i\sin 2\pi x$$

所以

$$e^{2\pi ix}-1=-2\sin^2\pi x+\mathrm{i}\sin 2\pi x$$
$$|e^{2\pi ix}-1|\leqslant 2\sin^2\pi x+|\sin 2\pi x|$$

因为，当 $x\to 0$ 时，有

$$\sin 2\pi x=O(|x|)$$
$$\sin^2\pi x=O(x^2)$$

故

$$e^{2\pi ix}-1=O(|x|)+O(x^2)=O(|x|)$$

由定义我们可以看出，在使用符号 O 时，必须指明自变量 x 向何值趋近. 当然，在不易混淆的情形也可以省略 $x\to a$. 总之，一般地说，符号 O 必须指明自变量 x 的变化范围，例如

$$e^x=O(1),x\to 0$$

但

$$e^x\neq O(1),x\to\infty$$

而

$$\sin x=O(1)$$

对所有的实数 x 恒成立.

符号 o：若

$$\lim_{x\to a}\frac{f(x)}{g(x)}=o$$

则当 $x\to a$ 时，有

$$f(x)=o(g(x))$$

例如

$$\pi(x)=o(x)，当 x\to\infty 时$$
$$\sin x=o(1)，当 x\to 0 时$$
$$\sqrt{x}=o(x)，当 x\to\infty 时$$
$$\log^{10}x=o(\sqrt{x})，当 x\to\infty 时$$

等等.

符号 ~ :若

$$\lim_{x \to a} \frac{f(x)}{g(x)} = 1$$

则当 $x \to a$ 时,有

$$f(x) \sim g(x)$$ [①]

例如

$$\pi(x) \sim \frac{x}{\log x}, \text{当 } x \to \infty \text{ 时}$$

$$\sqrt{x+2} \sim \sqrt{x}, \text{当 } x \to \infty \text{ 时}$$

$$\sin x \sim x, \text{当 } x \to 0 \text{ 时}$$

$$\frac{1}{x + \log x} \sim \frac{1}{x}, \text{当 } x \to \infty \text{ 时}$$

$$\int_2^x \frac{\mathrm{d}t}{\log t} \sim \frac{x}{\log x}, \text{当 } x \to \infty \text{ 时}$$

现在来证明上面最后一个式子

$$\begin{aligned}
\int_2^x \frac{\mathrm{d}t}{\log t} &= \frac{t}{\log t}\bigg|_2^x + \int_2^x \frac{\mathrm{d}t}{\log^2 t} = \\
&\frac{x}{\log x} - \frac{2}{\log 2} + \int_2^{\sqrt{x}} \frac{\mathrm{d}t}{\log^2 t} + \int_{\sqrt{x}}^x \frac{\mathrm{d}t}{\log^2 t} = \\
&\frac{x}{\log x} + O(1) + O(\sqrt{x}) + O\left(\frac{x}{\log^2 x}\right) = \\
&\frac{x}{\log x} + O\left(\frac{x}{\log^2 x}\right) \qquad (3.47)
\end{aligned}$$

由上式可立即推出

---

① 此处 $g(x)$ 不一定要求取正值.

$$\int_2^x \frac{\mathrm{d}t}{\log t} \sim \frac{x}{\log x} \qquad (3.48)$$

但由(3.48)不能推出(3.47).

显然,(3.47)较(3.48)的估计更为精密. 因为

$$\mathrm{Li}\ x = \int_2^x \frac{\mathrm{d}t}{\log t} + O(1)$$

所以由(3.47)知

$$\mathrm{Li}\ x = \frac{x}{\log x} + O\left(\frac{x}{\log^2 x}\right) \qquad (3.49)$$

根据高斯的建议用 Li x 去渐近表示 $\pi(x)$ 应更为精密. 事实上,在塞尔伯格的初等方法出现以前,素数定理已有了很大的改进. 例如瓦莱 · 泊桑就已经证明了

$$\pi(x) = \mathrm{Li}\ x + O(x\mathrm{e}^{-c_1\sqrt{\log x}}) \qquad (3.50)$$

这里 c_1 为一个正常数.

(3.50)的证明用到了精深的解析方法,它的证明已超出了本书的范围. 经过许多数学家的努力,目前最好的结果是

$$\pi(x) = \mathrm{Li}\ x + O(x\mathrm{e}^{-c_2\log^{\frac{3}{5}}x(\log\log x)^{-\frac{3}{5}}}) \qquad (3.51)$$

对我们研究哥德巴赫猜想来说,目前只要用(3.50)的估计就够了.

§5 等差数列中之素数分布

$$3, 7, 11, 19, \cdots, 487$$

都为 $4m+3$ 形式的素数. 自然产生一个问题,即有此性质之素数是否有无限多个? 回答是肯定的.

定理 3.2　形如 $4m+3$ 的素数个数无限.

证　用反证法. 若形如 $4m+3$ 的素数个数只有有限个,记为

$$p_1,p_2,\cdots,p_n,3=p_1<p_2<\cdots<p_n$$

我们令

$$N=4p_2p_3\cdots p_n+p_1 \tag{3.52}$$

显然,N 为 $4m+3$ 形式的数. 若 N 为素数,这就得到了矛盾. 若 N 为合数,则它一定有一个 $4k+3$ 形式的素因子(因为 $4k+1$ 形式的数相乘亦为 $4k+1$ 形式的数),设为 p,它必为全体素数 $p_1,p_2,\cdots,p_n$ 中的一个. 但因为 $p_i \nmid N,1\leqslant i\leqslant n$,所以 $p\neq p_i,1\leqslant i\leqslant n$,这亦得到了矛盾. 所以形如 $4m+3$ 的素数一定有无限多个,证毕.

另外,我们发现

$$5,13,17,29,\cdots,10\ 006\ 721$$

都为形如 $4m+1$ 的素数,我们亦能证明形如 $4m+1$ 的素数个数亦为无限. 事实上对此问题,迪利克雷证明了下面的一般定理:

定理 3.3　设 l,k 为两个互素的自然数,则形如 $l+kn$ 之素数个数无限.

对等差数列中素数分布的研究是一个十分困难但又非常重要的问题,它是研究哥德巴赫猜想的基本工具. 若我们用 $\pi(x;k,l)$ 表示在等差数列 $l+kn$ 中不超过 x 的素数个数,则现在已经证明了下面的定理:

定理 3.4　若 $k\leqslant\log^{20}x$[①]，则有

$$\pi(x;k,l)=\frac{\mathrm{Li}\,x}{\varphi(k)}+O\left(x\mathrm{e}^{-c_2\sqrt{\log x}}\right)\qquad(3.53)$$

这里 $\varphi(k)$ 为欧拉函数，c_2 为一个正常数.

定理 3.4 是解析数论中一个重要的定理，它是经过了许多数学家的努力才得到的，是我们研究哥德巴赫猜想的基本定理. 由于定理的证明要用到极为深刻的解析方法，我们在这里就不再给出它们的证明了.

---

①　这里的条件 $k\leqslant\log^{20}x$，仅是为了叙述方便，事实上，当 $k\leqslant\log^{A}x$ 时定理亦成立，其中 A 为一个任意固定的正常数.

第4章 素数定理的初等证明

本章的目的就是用初等方法证明

$$\pi(x) \sim \frac{x}{\log x} \qquad (4.1)$$

§1 问题的转化

回顾切比雪夫所引进的两个函数 $\psi(x)$ 及 $\vartheta(x)$

$$\vartheta(x) = \sum_{p \leqslant x} \log p$$

$$\psi(x) = \sum_{n \leqslant x} \Lambda(n)$$

由 $\Lambda(n)$ 的定义式(3.7)不难看出

$$\psi(x) = \sum_{p} \sum_{\substack{m \\ p^m \leqslant x}} \log p =$$

$$\vartheta(x) + \vartheta(x^{\frac{1}{2}}) + \cdots + \vartheta(x^{\frac{1}{k}})$$

这里 $k\leqslant\left[\frac{\log x}{\log 2}\right]$. 由 $\vartheta(x)$ 的定义立即得到

$$\vartheta(x)=O(x\log x)$$

所以

$$\psi(x)=\vartheta(x)+O(x^{\frac{1}{2}}\log^2 x) \qquad (4.2)$$

为了证明切比雪夫的下面两个式子

$$\frac{\psi(x)}{\pi(x)}\sim\log x \qquad (4.3)$$

$$\frac{\vartheta(x)}{\pi(x)}\sim\log x \qquad (4.4)$$

我们先来证明下面一个常用的定理:

定理 4.1　设 $f(t)$ 为区间 $[1,x]$ 上的连续可微函数,且

$$s(x)=\sum_{n\leqslant x}c_n$$

则有

$$\sum_{n\leqslant x}c_n f(n)=s(x)f(x)-\int_1^x s(t)f'(t)\mathrm{d}t \qquad (4.5)$$

证

$$s(x)f(x)-\sum_{n\leqslant x}c_n f(n)=\sum_{n\leqslant x}c_n(f(x)-f(n))=$$

$$\sum_{n\leqslant x}c_n\int_n^x f'(t)\mathrm{d}t=$$

$$\sum_{n\leqslant x}c_n\int_1^x g(n;t)f'(t)\mathrm{d}t$$

这里

$$g(n;t)=\begin{cases}1, 若\ n\leqslant t\leqslant x\\ 0, 若\ t<n\end{cases}$$

所以我们得到

$$s(x)f(x) - \sum_{n\leqslant x} c_n f(n) = \int_1^x \sum_{n\leqslant x} c_n g(n;t)f'(t)\mathrm{d}t$$

但

$$\sum_{n\leqslant x} c_n g(n;t) = \sum_{n\leqslant t} c_n = s(t)$$

由此即证明了

$$s(x)f(x) - \sum_{n\leqslant x} c_n f(n) = \int_1^x s(t)f'(t)\mathrm{d}t$$

定理证毕.

上面的定理通常称为阿贝尔变换. 下面我们利用式(4.5)来证明式(4.4). 为此,令

$$f(t) = \log t$$

$$c_n = \begin{cases} 1, n = p \\ 0, n \neq p \end{cases}$$

此时

$$\sum_{n\leqslant x} c_n f(n) = \sum_{p\leqslant x} \log p = \vartheta(x)$$

而

$$\sum_{n\leqslant x} c_n = \sum_{p\leqslant x} 1 = \pi(x)$$

由式(4.5)得到

$$\vartheta(x) = \sum_{p\leqslant x} \log p = \pi(x)\log x - \int_1^x \frac{\pi(t)}{t}\mathrm{d}t \tag{4.6}$$

下面我们来证明

$$\int_1^x \frac{\pi(t)}{t}\mathrm{d}t = O(\frac{x}{\log x}) \tag{4.7}$$

因为

$$\int_1^x \frac{\pi(t)}{t}\mathrm{d}t = \int_1^{\sqrt{x}} \frac{\pi(t)}{t}\mathrm{d}t + \int_{\sqrt{x}}^x \frac{\pi(t)}{t}\mathrm{d}t$$

由切比雪夫定理知道

$$\pi(t)=O\left(\frac{t}{\log t}\right)$$

所以

$$\int_{\sqrt{x}}^{x}\frac{\pi(t)}{t}\mathrm{d}t=O\left(\int_{\sqrt{x}}^{x}\frac{\mathrm{d}t}{\log t}\right)=O\left(\frac{x}{\log x}\right)$$

而

$$\int_{1}^{\sqrt{x}}\frac{\pi(t)}{t}\mathrm{d}t=O(\sqrt{x})$$

故

$$\int_{1}^{x}\frac{\pi(t)}{t}\mathrm{d}t=O(\sqrt{x})+O\left(\frac{x}{\log x}\right)=O\left(\frac{x}{\log x}\right)$$

此即式(4.7). 将式(4.7)代入式(4.6)得到

$$\vartheta(x)=\pi(x)\log x+O\left(\frac{x}{\log x}\right)$$

所以

$$\frac{\vartheta(x)}{\pi(x)}=\log x+O\left(\frac{x}{\pi(x)\log x}\right)$$

再利用切比雪夫定理

$$\pi(x)\geqslant 0.2\,\frac{x}{\log x}\tag{4.8}$$

我们就得到

$$\frac{\vartheta(x)}{\pi(x)}=\log x+O(1)\tag{4.9}$$

所以

$$\frac{\vartheta(x)}{\pi(x)}\sim\log x,x\to\infty\tag{4.10}$$

再由式(4.2)得到

$$\frac{\psi(x)}{\pi(x)}=\frac{\vartheta(x)}{\pi(x)}+O\left(\frac{x^{\frac{1}{2}}\log^2 x}{\pi(x)}\right)$$

由上式及式(4.8)就得到

$$\frac{\psi(x)}{\pi(x)}=\frac{\vartheta(x)}{\pi(x)}+O(x^{-\frac{1}{2}}\log^3 x)$$

再由式(4.10)知

$$\frac{\psi(x)}{\pi(x)}\sim\log x, x\to\infty \tag{4.11}$$

从上面的讨论我们立即推出下面的定理:

定理 4.2　素数定理与下面的两个式子等价

$$\vartheta(x)\sim x, \psi(x)\sim x$$

本章要证明 $\psi(x)\sim x$. 为此,需要下一节中的辅助定理.

§2　几个辅助定理

定理 4.3　设 $x>1$,则下式成立

$$\sum_{n\leqslant x}\frac{1}{n}=\log x+\gamma+O\left(\frac{1}{x}\right) \tag{4.12}$$

这里 γ 为一个常数,即所谓的欧拉常数.

证　不妨假定 x 是正整数,有

$$\sum_{n\leqslant x}\frac{1}{n}-\log x=\sum_{n\leqslant x}\frac{1}{n}-\int_1^x\frac{\mathrm{d}t}{t}=$$

$$\sum_{n\leqslant x}\frac{1}{n}-\sum_{n\leqslant x-1}\int_n^{n+1}\frac{\mathrm{d}t}{t}=$$

$$\sum_{n\leqslant x-1}\int_n^{n+1}\left(\frac{1}{n}-\frac{1}{t}\right)\mathrm{d}t+\frac{1}{x}$$

现在我们来考察

$$\sum_{n\leqslant x-1}\int_n^{n+1}\left(\frac{1}{n}-\frac{1}{t}\right)\mathrm{d}t \tag{4.13}$$

显然

$$0\leqslant\int_n^{n+1}\left(\frac{1}{n}-\frac{1}{t}\right)\mathrm{d}t\leqslant\frac{1}{n^2}$$

因为

$$\sum_{n=1}^{\infty}\frac{1}{n^2}$$

收敛,所以(4.13)是有上界的递增函数,因此它必有一个极限 γ,且这个和与 γ 的差不超过

$$\sum_{n\geqslant x}\frac{1}{n^2} \tag{4.14}$$

下面我们利用公式(4.5)来估计(4.14)的上界. 为此我们取 $y>x$,再令

$$f(t)=\frac{1}{t^2},c_n=\begin{cases}1,x\leqslant n<y\\0,其他\end{cases}$$

所以

$$s(t)=\sum_{x\leqslant n<t}1,x<t\leqslant y$$

由式(4.5)得到

$$\sum_{x\leqslant n<y}\frac{1}{n^2}=\frac{s(y)}{y^2}+2\int_x^y\frac{s(t)}{t^3}\mathrm{d}t \tag{4.15}$$

因为 $|s(t)|\leqslant t$,所以由上式得到

$$\sum_{x\leqslant n<y}\frac{1}{n^2}\leqslant\frac{1}{y}+2\int_x^y\frac{\mathrm{d}t}{t^2}\leqslant\frac{2}{x}$$

上式表明对任意 y,均有

$$\sum_{x \leqslant n < y} \frac{1}{n^2} \leqslant \frac{2}{x}$$

故当 $y \to \infty$ 时,就得到

$$\sum_{n \geqslant x} \frac{1}{n^2} = O\left(\frac{1}{x}\right)$$

因此(4.12)获证.

定理 4.4 设 $x \geqslant 2$,则有

$$\sum_{n \leqslant x} \log n = \left(x + \frac{1}{2}\right) \log x - x + C + O\left(\frac{1}{x}\right) \tag{4.16}$$

这里 C 为一个常数.

证 我们首先考察下面的积分

$$\int_{n-\frac{1}{2}}^{n+\frac{1}{2}} \log t \mathrm{d}t$$

显见

$$\begin{aligned}
\int_{n-\frac{1}{2}}^{n+\frac{1}{2}} \log t \mathrm{d}t &= \int_{n}^{n+\frac{1}{2}} \log t \mathrm{d}t + \int_{n-\frac{1}{2}}^{n} \log t \mathrm{d}t = \\
& \int_{0}^{\frac{1}{2}} \log (n+t) \mathrm{d}t + \int_{0}^{\frac{1}{2}} \log (n-t) \mathrm{d}t = \\
& \int_{0}^{\frac{1}{2}} \log (n^2 - t^2) \mathrm{d}t = \\
& \int_{0}^{\frac{1}{2}} \log n^2 \mathrm{d}t + \int_{0}^{\frac{1}{2}} \log \left(1 - \frac{t^2}{n^2}\right) \mathrm{d}t = \\
& \log n + c_n
\end{aligned}$$

这里

$$c_n = \int_{0}^{\frac{1}{2}} \log \left(1 - \frac{t^2}{n^2}\right) \mathrm{d}t$$

不妨设 x 为整数,由上式得到

$$\sum_{n\leqslant x}\log n+\sum_{n\leqslant x}c_n=\sum_{n\leqslant x}\int_{n-\frac{1}{2}}^{n+\frac{1}{2}}\log t\mathrm{d}t=\int_{\frac{1}{2}}^{x+\frac{1}{2}}\log t\mathrm{d}t$$

所以

$$\sum_{n\leqslant x}\log n=\int_{\frac{1}{2}}^{x+\frac{1}{2}}\log t\mathrm{d}t-\sum_{n\leqslant x}c_n \tag{4.17}$$

而

$$\int_{\frac{1}{2}}^{x+\frac{1}{2}}\log t\mathrm{d}t=(t\log t-t)\Big|_{\frac{1}{2}}^{x+\frac{1}{2}}=$$

$$(x+\frac{1}{2})\log(x+\frac{1}{2})-(x+\frac{1}{2})-\frac{1}{2}\log\frac{1}{2}+\frac{1}{2} \tag{4.18}$$

因为

$$\left|\int_0^{\frac{1}{2}}\log(1-\frac{t^2}{n^2})\mathrm{d}t\right|\leqslant\frac{1}{n^2}$$

所以级数

$$\sum_{n=1}^{\infty}c_n \tag{4.19}$$

收敛.

与前面同样的讨论知

$$\sum_{n>x}c_n=O(\frac{1}{x}) \tag{4.20}$$

因此

$$\sum_{n\leqslant x}c_n=\sum_{n=1}^{\infty}c_n+O(\frac{1}{x}) \tag{4.21}$$

将(4.18)(4.21)代入(4.17)得到

$$\sum_{n\leqslant x}\log n=(x+\frac{1}{2})\log x-x+C+O(\frac{1}{x}) \tag{4.22}$$

这里 C 为某一常数. 定理证毕.

定理 4.5 设 $x\geqslant 2$,则

$$\sum_{n\leqslant x}\frac{\Lambda(n)}{n}=\log x+O(1) \tag{4.23}$$

证 不妨设 x 为整数,由公式(2.20)知

$$x!=\prod_{p\leqslant x}p^{[\frac{x}{p}]+[\frac{x}{p^2}]+\cdots}$$

两边取对数,得到

$$\log x!=\sum_{p\leqslant x}\Big(\sum_{k=1}^{\infty}\Big[\frac{x}{p^k}\Big]\Big)\log p$$

因为当 $k>\Big[\dfrac{\log x}{\log p}\Big]$时,$\Big[\dfrac{x}{p^k}\Big]=0$,所以

$$\log x!=\sum_{p\leqslant x}\Big(\sum_{k\leqslant[\frac{\log x}{\log p}]}\frac{x}{p^k}\log p\Big)+O\Big(\sum_{p\leqslant x}\Big[\frac{\log x}{\log p}\Big]\log p\Big)$$

显然

$$\sum_{p\leqslant x}\Big[\frac{\log x}{\log p}\Big]\log p\leqslant\pi(x)\log x=O(x)$$

故

$$\log x!=\sum_{p\leqslant x}\Big(\sum_{k\leqslant[\frac{\log x}{\log p}]}\frac{x}{p^k}\log p\Big)+O(x)=$$

$$x\sum_{n\leqslant x}\frac{\Lambda(n)}{n}+O(x) \tag{4.24}$$

再由(4.16)知

$$\log x!=x\log x+O(x)$$

所以

$$\sum_{n\leqslant x}\frac{\Lambda(n)}{n}=\log x+O(1)$$

定理 4.6 下面的公式成立

$$\sum_{d|n}\mu(d)=\begin{cases}1, n=1\\0, n>1\end{cases} \tag{4.25}$$

证 当 $n=1$ 时，显然有

$$\sum_{d|n}\mu(d)=\mu(1)=1$$

现设 $n>1$，且 $n=p_1^{\alpha_1}p_2^{\alpha_2}\cdots p_k^{\alpha_k}$，则有

$$\begin{aligned}\sum_{d|n}\mu(d)=&\mu(1)+(\mu(p_1)+\mu(p_2)+\cdots+\\&\mu(p_k))+(\mu(p_1p_2)+\mu(p_1p_3)+\cdots)+\\&(\mu(p_1p_2p_3)+\cdots)+\cdots=\\&1-k+\binom{k}{2}-\binom{k}{3}+\cdots=\\&(1-1)^k=0\end{aligned}$$

证毕.

定理 4.7 设 $\Phi(m)$ 是任一数论函数，令

$$F(m)=\sum_{d|m}\Phi(d) \tag{4.26}$$

则有

$$\Phi(m)=\sum_{d|m}\mu(d)F\left(\frac{m}{d}\right) \tag{4.27}$$

证 由(4.26)知

$$F\left(\frac{m}{d}\right)=\sum_{d_1\left|\frac{m}{d}\right.}\Phi(d_1) \tag{4.28}$$

以 $\mu(d)$ 乘上式两边并对 m 的所有除数 d 求和，我们得到

$$\sum_{d|m}\mu(d)F\left(\frac{m}{d}\right)=\sum_{d|m}\sum_{d_1\left|\frac{m}{d}\right.}\mu(d)\Phi(d_1)$$

现在将上式右边求和的次序交换一下,得到

$$\sum_{d|m}\sum_{d_1\mid\frac{m}{d}}\mu(d)\Phi(d_1)=\sum_{d_1\mid m}\Phi(d_1)\sum_{d\mid\frac{m}{d_1}}\mu(d)$$

由(4.25)知

$$\sum_{d\mid\frac{m}{d_1}}\mu(d)=\begin{cases}1,d_1=m\\0,d_1\neq m\end{cases}$$

所以

$$\sum_{d_1\mid m}\Phi(d_1)\sum_{d\mid\frac{m}{d_1}}\mu(d)=\Phi(m)$$

定理得证.

利用定理 4.7 还可证明下面的公式

$$\sum_{d|n}\mu(d)\log\frac{n}{d}=\Lambda(n) \tag{4.29}$$

为此我们只要证明

$$\sum_{d|n}\Lambda(n)=\log n \tag{4.30}$$

设 $n=p_1^{\alpha_1}p_2^{\alpha_2}\cdots p_k^{\alpha_k}$ 为 n 的标准分解式,则

$$\begin{aligned}\sum_{d|n}\Lambda(n)=&\sum_{s_1=0}^{\alpha_1}\sum_{s_2=0}^{\alpha_2}\cdots\sum_{s_k=0}^{\alpha_k}\Lambda(p_1^{s_1}p_2^{s_2}\cdots p_k^{s_k})=\\&\sum_{s_1=1}^{\alpha_1}\Lambda(p_1^{s_1})+\sum_{s_2=1}^{\alpha_2}\Lambda(p_2^{s_2})+\cdots+\\&\sum_{s_k=1}^{\alpha_k}\Lambda(p_k^{s_k})=\\&\sum_{s_1=1}^{\alpha_1}\log p_1+\sum_{s_2=1}^{\alpha_2}\log p_2+\cdots\sum_{s_k=1}^{\alpha_k}\log p_k=\\&\alpha_1\log p_1+\alpha_2\log p_2+\cdots+\alpha_k\log p_k=\\&\log n\end{aligned}$$

所以由定理4.7知(4.29)成立. 因为

$$\sum_{d|n}\mu(d)\log\frac{n}{d}=\log n\sum_{d|n}\mu(d)-\sum_{d|n}\mu(d)\log d=-\sum_{d|n}\mu(d)\log d$$

所以下面的公式亦成立

$$\Lambda(n)=-\sum_{d|n}\mu(d)\log d \tag{4.31}$$

有了上面这几个辅助公式,下面我们来建立一个非常有用的不等式——塞尔伯格不等式.

§3　塞尔伯格不等式

下面的定理称为塞尔伯格不等式:

定理 4.8　设 $x\geqslant1$,则

$$\psi(x)\log x+\sum_{n\leqslant x}\psi\left(\frac{x}{n}\right)\Lambda(n)=2x\log x+O(x) \tag{4.32}$$

公式(4.32)的证明依赖于下面的定理:

定理 4.9　设 $F(x)$ 是确定在 $x\geqslant1$ 上的任意一个函数,而

$$G(x)=\sum_{n\leqslant x}F\left(\frac{x}{n}\right)\log x, x\geqslant1$$

则

$$\sum_{n\leqslant x}\mu(n)G\left(\frac{x}{n}\right)=F(x)\log x+\sum_{n\leqslant x}F\left(\frac{x}{n}\right)\Lambda(n) \tag{4.33}$$

证

$$\sum_{n\leqslant x}\mu(n)G\left(\frac{x}{n}\right) = \sum_{n\leqslant x}\mu(n)\sum_{m\leqslant \frac{x}{n}}F\left(\frac{x}{mn}\right)\log\frac{x}{n} =$$

$$\sum_{d\leqslant x}F\left(\frac{x}{d}\right)\sum_{n\mid d}\mu(n)\log\frac{x}{n} \tag{4.34}$$

上式最后一步是令 $d=mn$,然后交换求和次序而得到.但

$$\sum_{n\mid d}\mu(n)\log\frac{x}{n} = \log x\sum_{n\mid d}\mu(n) - \Lambda(d)$$

将上式代入(4.34)得到

$$\sum_{n\leqslant x}\mu(n)G\left(\frac{x}{n}\right) =$$

$$\sum_{d\leqslant x}F\left(\frac{x}{d}\right)\log x\sum_{n\mid d}\mu(n) - \sum_{d\leqslant x}F\left(\frac{x}{d}\right)\Lambda(d) =$$

$$F(x)\log x - \sum_{d\leqslant x}F\left(\frac{x}{d}\right)\Lambda(d)$$

上式即为(4.33).

有了(4.33)我们就可以来证明(4.32)了.

现在我们在定理 4.7 内令

$$F(x)=\psi(x)-x+\gamma+1$$

这里 γ 为欧拉常数(参看(4.12)),则有

$$G(x) = \sum_{n\leqslant x}F\left(\frac{x}{n}\right)\log x =$$

$$\sum_{n\leqslant x}\psi\left(\frac{x}{n}\right)\log x - \sum_{n\leqslant x}\frac{x}{n}\log x +$$

$$\sum_{n\leqslant x}(\gamma+1)\log x \tag{4.35}$$

而

$$\sum_{n\leqslant x}\psi\left(\frac{x}{n}\right)=\sum_{n\leqslant x}\sum_{m\leqslant\frac{x}{n}}\Lambda(m)=\sum_{mn\leqslant x}\Lambda(m)=$$

$$\sum_{n\leqslant x}\sum_{d\mid n}\Lambda(d)=$$

$$\sum_{n\leqslant x}\log n=x\log x-x+O(\log x)$$

将上式代入(4.35)并利用定理 4.3,得到

$$\sum_{n\leqslant x}F\left(\frac{x}{n}\right)\log x=x\log^2x-x\log x+O(\log^2x)-$$

$$x\log^2x-\gamma x\log x+O(\log x)+$$

$$(\gamma+1)x\log x+O(\log x)=$$

$$O(\log^2x)$$

所以

$$G(x)=\sum_{n\leqslant x}F\left(\frac{x}{n}\right)\log x=O(\log^2x)=O(\sqrt{x})$$

而

$$\sum_{n\leqslant x}\mu(n)G\left(\frac{x}{n}\right)=O\left(\sum_{n\leqslant x}\sqrt{\frac{x}{n}}\right)=O\left(\sqrt{x}\sum_{n\leqslant x}\frac{1}{\sqrt{n}}\right)$$

利用定理 4.1,我们容易证明

$$\sum_{n\leqslant x}\frac{1}{\sqrt{n}}=O(\sqrt{x})$$

所以

$$\sum_{n\leqslant x}\mu(n)G\left(\frac{x}{n}\right)=O(x)$$

将上式代入(4.33)就得到

$$F(x)\log x+\sum_{n\leqslant x}F\left(\frac{x}{n}\right)\log x=O(x)\quad(4.36)$$

将 $F(x)=\psi(x)-x+\gamma+1$ 代入上式即得

$$(\psi(x)-x+\gamma+1)\log x+\sum_{n\leqslant x}\left(\psi\left(\frac{x}{n}\right)-\frac{x}{n}+\gamma+1\right)\Lambda(n)=O(x)$$

上式亦可写成

$$\psi(x)\log x+\sum_{n\leqslant x}\psi\left(\frac{x}{n}\right)\Lambda(n)=x\log x+x\sum_{n\leqslant x}\frac{\Lambda(n)}{n}-(\gamma+1)\left(\sum_{n\leqslant x}\Lambda(n)+\log x\right)+O(x)$$

再利用(4.23)及 $\psi(x)=O(x)$，即得

$$\psi(x)\log x+\sum_{n\leqslant x}\psi\left(\frac{x}{n}\right)\Lambda(n)=2x\log x+O(x)$$

定理 4.8 得证.

由定理 4.8 容易得到下面的等价形式

$$\sum_{n\leqslant x}\Lambda(n)\log n+\sum_{mn\leqslant x}\Lambda(m)\Lambda(n)=2x\log x+O(x) \tag{4.37}$$

为了证明(4.37)，我们在定理 4.1 中取 $c_n=\Lambda(n)$，$f(t)=\log t$，则得到

$$\sum_{n\leqslant x}\Lambda(n)\log n=\psi(x)\log x-\int_1^x\frac{\psi(t)}{t}\mathrm{d}t=\psi(x)\log x+O(x) \tag{4.38}$$

而

$$\sum_{n\leqslant x}\psi\left(\frac{x}{n}\right)\Lambda(n)=\sum_{n\leqslant x}\Lambda(n)\sum_{m\leqslant\frac{x}{n}}\Lambda(m)=\sum_{mn\leqslant x}\Lambda(m)\Lambda(n) \tag{4.39}$$

由(4.32)(4.38)(4.39)立即推出(4.37).

下面我们从(4.32)出发,再做进一步的研究.为此令

$$\psi(x)-x=R(x)$$

将上式代入(4.32)得到

$$x\log x+R(x)\log x+\sum_{n\leqslant x}R\left(\frac{x}{n}\right)\Lambda(n)+x\sum_{n\leqslant x}\frac{\Lambda(n)}{n}=$$

$$2x\log x+O(x)$$

将

$$\sum_{n\leqslant x}\frac{\Lambda(n)}{n}=\log x+O(1)$$

代入上式,得

$$R(x)\log x+\sum_{n\leqslant x}R\left(\frac{x}{n}\right)\Lambda(n)=O(x) \qquad (4.40)$$

由 $R(x)$ 的定义知道,$\psi(x)\sim x$ 等价于

$$R(x)=o(x) \qquad (4.41)$$

在(4.40)中用$\frac{x}{n}$及 m 分别代替 x 与 n,得到

$$R\left(\frac{x}{n}\right)\log\frac{x}{n}+\sum_{m\leqslant\frac{x}{n}}\Lambda(m)R\left(\frac{x}{mn}\right)=O\left(\frac{x}{n}\right)$$

$$(4.42)$$

用 $\log x$ 乘(4.40),用 $\Lambda(n)$ 乘(4.42)再对 $n\leqslant x$ 求和,可得

$$\log x\left\{R(x)\log x+\sum_{n\leqslant x}R\left(\frac{x}{n}\right)\Lambda(n)\right\}-$$

$$\sum_{n\leqslant x}\Lambda(n)R\left(\frac{x}{n}\right)\log\frac{x}{n}-$$

$$\sum_{n\leqslant x}\Lambda(n)\left\{\sum_{m\leqslant\frac{x}{n}}\Lambda(m)R\left(\frac{x}{mn}\right)\right\}=$$

$$O(x\log x)+O\left(x\sum_{n\leqslant x}\frac{\Lambda(n)}{n}\right)$$

将上式化简,并利用

$$\sum_{n\leqslant x}\frac{\Lambda(n)}{n}=\log x+O(1)$$

得到

$$R(x)\log^2 x+\sum_{n\leqslant x}\Lambda(n)R\left(\frac{x}{n}\right)\log n+$$

$$\sum_{mn\leqslant x}\Lambda(m)\Lambda(n)R\left(\frac{x}{mn}\right)=O(x\log x)$$

上式又可写成

$$|R(x)|\log^2 x\leqslant\sum_{n\leqslant x}a_n\left|R\left(\frac{x}{n}\right)\right|+O(x\log x)\tag{4.43}$$

这里

$$a_n=\Lambda(n)\log n+\sum_{n=lm}\Lambda(l)\Lambda(m)\tag{4.44}$$

由(4.37)知

$$\sum_{n\leqslant x}a_n=\sum_{n\leqslant x}\Lambda(n)\log n+\sum_{lm\leqslant x}\Lambda(l)\Lambda(m)=2x\log x+O(x)\tag{4.45}$$

定理 4.10　下面的不等式成立

$$|R(x)|\log^2 x \leqslant 2\int_1^x \left|R\left(\frac{x}{t}\right)\right|\log t\mathrm{d}t + O(x\log x) \tag{4.46}$$

证　不难看出,要证明(4.46)只需要顺次证明下面两个式子

$$\sum_{n\leqslant x} a_n \left|R\left(\frac{x}{n}\right)\right| - 2\sum_{2\leqslant n\leqslant x}\left|R\left(\frac{x}{n}\right)\right|\int_{n-1}^{n}\log t\mathrm{d}t = O(x\log x) \tag{4.47}$$

$$\sum_{2\leqslant n\leqslant x}\left|R\left(\frac{x}{n}\right)\right|\int_{n-1}^{n}\log t\mathrm{d}t = \int_1^x \left|R\left(\frac{x}{t}\right)\right|\log t\mathrm{d}t + O(x\log x) \tag{4.48}$$

我们先来证明(4.47),设 $t_2 > t_1 > 0$,则

$$\begin{aligned}||R(t_2)| - |R(t_1)|| \leqslant |R(t_2) - R(t_1)| &= \\ |\psi(t_2) - \psi(t_1) + t_1 - t_2| &\leqslant \\ \psi(t_2) + t_2 - \psi(t_1) - t_1 &= \\ F(t_2) - F(t_1)&\end{aligned}$$

这里

$$F(t) = \psi(t) + t = O(t)$$

显然,$F(t)$是非负的增函数.

令

$$C_n = a_n - 2\int_{n-1}^{n}\log t\mathrm{d}t, n > 1$$

那么,(4.47)就是要证明

$$\sum_{n\leqslant x} C_n \left|R\left(\frac{x}{n}\right)\right| = O(x\log x) \tag{4.49}$$

再设 $S(1)=0$,有

$$S(x) = \sum_{2\leqslant n\leqslant x} C_n = \sum_{n\leqslant x} a_n - 2\int_1^{[x]}\log t\mathrm{d}t =$$

$$2x\log x + O(x) - 2x\log x + 2x =$$
$$O(x) \tag{4.50}$$

于是,利用和、差变换及(4.49)(4.50),得到

$$\sum_{2\leqslant n\leqslant x} C_n \left|R\left(\frac{x}{n}\right)\right| =$$

$$\sum_{2\leqslant n\leqslant x}(S(n) - S(n-1))\left|R\left(\frac{x}{n}\right)\right| =$$

$$\sum_{2\leqslant n\leqslant x} S(n)\left|R\left(\frac{x}{n}\right)\right| - \sum_{2\leqslant n\leqslant x} S(n-1)\left|R\left(\frac{x}{n}\right)\right| =$$

$$\sum_{2\leqslant n\leqslant x} S(n)\left|R\left(\frac{x}{n}\right)\right| - \sum_{n\leqslant x-1} S(n)\left|R\left(\frac{x}{n+1}\right)\right| =$$

$$\sum_{n\leqslant x-1} S(n)\left(\left|R\left(\frac{x}{n}\right)\right| - \left|R\left(\frac{x}{n+1}\right)\right|\right) + S(x)\left|R\left(\frac{x}{[x]}\right)\right| =$$

$$O\left(\sum_{n\leqslant x-1} n\left\{F\left(\frac{x}{n}\right) - F\left(\frac{x}{n+1}\right)\right\}\right) + O(x) =$$

$$O\left(\sum_{n\leqslant x-1} F\left(\frac{x}{n}\right)\right) + O(x) =$$

$$O\left(x\sum_{n\leqslant x}\frac{1}{n}\right) + O(x) = O(x\log x)$$

于是(4.49)得证

现在来证明(4.48),不难看出

$$\left|\left|R\left(\frac{x}{n}\right)\right|\int_{n-1}^{n}\log t\mathrm{d}t - \int_{n-1}^{n}\left|R\left(\frac{x}{t}\right)\right|\log t\mathrm{d}t\right| \leqslant$$

$$\int_{n-1}^{n}\left|\left|R\left(\frac{x}{n}\right)\right| - \left|R\left(\frac{x}{t}\right)\right|\right|\log t\mathrm{d}t \leqslant$$

$$\int_{n-1}^{n}\left(F\left(\frac{x}{n-1}\right) - F\left(\frac{x}{n}\right)\right)\log t\mathrm{d}t \leqslant$$

$$\log n\left(F\left(\frac{x}{n-1}\right) - F\left(\frac{x}{n}\right)\right) \leqslant$$

$$(n-1)\left(F\left(\frac{x}{n-1}\right)-F\left(\frac{x}{n}\right)\right)$$

其中最后一步用到了不等式 $\log n \leqslant n-1$. 这样我们就得到了

$$\sum_{2\leqslant n\leqslant x}\left|\left|R\left(\frac{x}{n}\right)\right|\int_{n-1}^{n}\log t\mathrm{d}t-\int_{n-1}^{n}\left|R\left(\frac{x}{t}\right)\right|\log t\mathrm{d}t\right|\leqslant$$

$$\sum_{2\leqslant n\leqslant x}(n-1)\left(F\left(\frac{x}{n-1}\right)-F\left(\frac{x}{n}\right)\right)\leqslant$$

$$\sum_{n\leqslant x}F\left(\frac{x}{n}\right)+O(x)=O(x\log x)$$

定理4.10证毕.

定理4.10可以改写成下面的形式:

定理4.11　记

$$V(\xi)=\mathrm{e}^{-\xi}R(\mathrm{e}^{\xi})=\mathrm{e}^{-\xi}\psi(\mathrm{e}^{\xi})-1$$

则下面的不等式成立

$$\xi^2\mid V(\xi)\mid\leqslant 2\int_0^{\xi}\mathrm{d}\zeta\int_0^{\zeta}\mid V(\eta)\mid\mathrm{d}\eta+O(\xi)\tag{4.51}$$

证　在(4.46)中令 $x=\mathrm{e}^{\xi}, t=x\mathrm{e}^{-\eta}$,则

$$\int_1^x\left|R\left(\frac{x}{t}\right)\right|\log t\mathrm{d}t = x\int_0^{\xi}\mid R(\mathrm{e}^{\eta})\mid\mathrm{e}^{-\eta}(\xi-\eta)\mathrm{d}\eta=$$

$$x\int_0^{\xi}\mid V(\eta)\mid(\xi-\eta)\mathrm{d}\eta=$$

$$x\int_0^{\xi}\mathrm{d}\zeta\int_0^{\zeta}\mid V(\eta)\mid\mathrm{d}\eta$$

所以将(4.48)两边除以 x 得到

$$\xi^2\mid V(\xi)\mid\leqslant 2\int_0^{\xi}\mathrm{d}\zeta\int_0^{\zeta}\mid V(\eta)\mid\mathrm{d}\eta+O(\xi)$$

定理得证.

§4　函数 $V(\xi)$ 的性质

因为 $\psi(x)=O(x)$，所以

$$V(\xi)=\mathrm{e}^{-\xi}R(\mathrm{e}^{\xi})=\mathrm{e}^{-\xi}\psi(\mathrm{e}^{\xi})-1$$

是有界的，因此我们可以令

$$\alpha=\overline{\lim_{\xi\to\infty}}|V(\xi)| \tag{4.52}$$

$$\beta=\overline{\lim_{\xi\to\infty}}\frac{1}{\xi}\int_0^{\xi}|V(\eta)|\,\mathrm{d}\eta \tag{4.53}$$

由上极限的定义知

$$|V(\xi)|\leqslant\alpha+o(1),\xi\to\infty \tag{4.54}$$

$$\int_0^{\xi}|V(\eta)|\,\mathrm{d}\eta\leqslant\beta\xi+o(\xi),\xi\to\infty \tag{4.55}$$

将(4.55)代入(4.51)得到

$$\xi^2|V(\xi)|\leqslant2\int_0^{\xi}(\beta\zeta+o(\zeta))\mathrm{d}\zeta+O(\xi)=$$

$$\beta\xi^2+o(\xi^2)$$

两边除以 ξ^2，即得

$$|V(\xi)|\leqslant\beta+o(1) \tag{4.56}$$

由(4.52)及(4.56)推出

$$\alpha\leqslant\beta \tag{4.57}$$

另一方面，由 $V(\xi)$ 的定义看出，素数定理等价于

$$V(\xi)=o(1),\xi\to\infty$$

即有

$$\alpha=0 \tag{4.58}$$

因为可用反证法,若 $\alpha>0$,则必有

$$\beta<\alpha \tag{4.59}$$

它与(4.57)矛盾.

定理 4.12　对任意正数 ξ_1,ξ_2,一定存在一个与它们无关的正数 A,使得

$$\left|\int_{\xi_1}^{\xi_2} V(\eta)\mathrm{d}\eta\right| < A \tag{4.60}$$

证　我们来考虑积分

$$\int_0^{\xi} V(\eta)\mathrm{d}\eta$$

为此令 $\xi=\log x,\eta=\log t$,则有

$$\begin{aligned}\int_0^{\xi} V(\eta)\mathrm{d}\eta &= \int_1^x \left(\frac{\psi(t)}{t^2}-\frac{1}{t}\right)\mathrm{d}t = \\ &\int_1^x \frac{\psi(t)}{t^2}\mathrm{d}t - \log x = \\ &\int_1^x \left(\sum_{n\leqslant t}\Lambda(n)\right)\frac{\mathrm{d}t}{t^2} - \log x = \\ &\sum_{n\leqslant x}\Lambda(n)\int_n^x \frac{\mathrm{d}t}{t^2} - \log x = \\ &\sum_{n\leqslant x}\Lambda(n)\left(\frac{1}{n}-\frac{1}{x}\right) - \log x = \\ &\sum_{n\leqslant x}\frac{\Lambda(n)}{n} - \frac{\psi(x)}{x} - \log x = O(1)\end{aligned}$$

定理得证.

定理 4.13　若 $\eta_0>0$ 为 $V(\eta)$ 的零点,即 $V(\eta_0)=0$,则有

$$\int_0^{\alpha} |V(\eta_0+t)|\,\mathrm{d}t \leqslant \frac{1}{2}\alpha^2 + O(\eta_0^{-1}) \tag{4.61}$$

证　因为

$$\sum_{n\leqslant x}\psi\left(\frac{x}{n}\right)\Lambda(n)=\sum_{mn\leqslant x}\Lambda(m)\Lambda(n)$$

所以塞尔伯格不等式可写成

$$\psi(x)\log x+\sum_{mn\leqslant x}\Lambda(m)\Lambda(n)=2x\log x+O(x)\tag{4.62}$$

现设 $x>x_0>1$，则

$$\psi(x_0)\log x_0+\sum_{mn\leqslant x_0}\Lambda(m)\Lambda(n)=2x_0\log x_0+O(x_0)\tag{4.63}$$

将(4.62)减去(4.63)得到

$$\psi(x)\log x-\psi(x_0)\log x_0+\sum_{x_0<mn\leqslant x}\Lambda(m)\Lambda(n)=$$

$$2(x\log x-x_0\log x_0)+O(x)$$

因为

$$\sum_{x_0<mn\leqslant x}\Lambda(m)\Lambda(n)\geqslant 0$$

所以下面的不等式成立

$$0\leqslant\psi(x)\log x-\psi(x_0)\log x_0\leqslant$$

$$2(x\log x-x_0\log x_0)+O(x)$$

又因为 $\psi(x)=x+R(x)$，所以由上式还可以得到

$$|R(x)\log x-R(x_0)\log x_0|\leqslant x\log x-x_0\log x_0+O(x)\tag{4.64}$$

令 $x=\mathrm{e}^{\eta_0+t}(t>0)$，$x_0=\mathrm{e}^{\eta_0}$，由假设 $V(\eta_0)=0$，所以 $R(x_0)=0$，将其代入(4.64)得到

$$|R(x)|\log x\leqslant x\log x-x_0\log x_0+O(x)$$

将上式两边除以 $x\log x$，就有

$$\frac{|R(x)|}{x}\leqslant 1-\frac{x_0\log x_0}{x\log x}+O\left(\frac{1}{\log x}\right)$$

即

$$|V(\eta_0+t)|\leqslant 1-\frac{\eta_0}{\eta_0+t}e^{-t}+O(\frac{1}{\eta_0})=$$

$$1-e^{-t}+(1-\frac{\eta_0}{\eta_0+t})e^{-t}+O(\frac{1}{\eta_0})=$$

$$1-e^{-t}+\frac{1}{\eta_0+t}\frac{t}{e^t}+O(\frac{1}{\eta_0})=$$

$$1-e^{-t}+O(\frac{1}{\eta_0})$$

再利用下面的不等式

$$1-e^{-t}\leqslant t,t>0$$

这就证明了

$$|V(\eta_0+t)|\leqslant t+O(\frac{1}{\eta_0}) \tag{4.65}$$

因此

$$\int_0^{\alpha}|V(\eta_0+t)|\,dt\leqslant\int_0^{\alpha}\left|t+O(\frac{1}{\eta_0})\right|dt\leqslant$$

$$\frac{1}{2}\alpha^2+O(\frac{1}{\eta_0})$$

定理得证.

定理 4.14　若 $\alpha>0$,则必存在 $0<\alpha_1<\alpha$,使得

$$\int_0^{\xi}|V(\eta)|\,d\eta\leqslant\alpha_1\xi+o(\xi) \tag{4.66}$$

证　我们先来证明存在两个常数 $\delta>\alpha$ 及 $\alpha_1<\alpha$,使得对于任意正数 ζ,恒有

$$\int_{\zeta}^{\zeta+\delta}|V(\eta)|\,d\eta\leqslant\alpha_1\delta+o(1),\zeta\to\infty \tag{4.67}$$

我们取(A 由(4.60)定义)

$$\delta = \frac{3\alpha^2 + 4A + 2\alpha}{2\alpha} > \alpha + 1 \tag{4.68}$$

在区间$[\zeta, \zeta + \delta - \alpha]$上 $V(\eta)$只可能有两种情形,即有零点或无零点. 今分别讨论如下:

(1)在$[\zeta, \zeta + \delta - \alpha]$上有 η_0,使得 $V(\eta_0) = 0$. 因此,当$\zeta \to \infty$时,有

$$\int_{\zeta}^{\zeta+\delta} |V(\eta)| d\eta = \int_{\zeta}^{\eta_0} |V(\eta)| d\eta + \int_{\eta_0}^{\eta_0+\alpha} |V(\eta)| d\eta + \int_{\eta_0+\alpha}^{\zeta+\delta} |V(\eta)| d\eta \tag{4.69}$$

由 α 的定义知

$$\int_{\zeta}^{\eta_0} |V(\eta)| d\eta \leqslant (\eta_0 - \zeta)\alpha + o(1)$$

$$\int_{\eta_0+\alpha}^{\zeta+\delta} |V(\eta)| d\eta \leqslant (\zeta + \delta - \eta_0 - \alpha)\alpha + o(1)$$

再由(4.61)得到

$$\int_{\eta_0}^{\eta_0+\alpha} |V(\eta)| d\eta \leqslant \int_0^{\alpha} |V(\eta_0 + t)| dt \leqslant \frac{1}{2}\alpha^2 + O(\frac{1}{\eta_0})$$

由上面的三式及(4.69)就有

$$\int_{\zeta}^{\zeta+\delta} |V(\eta)| d\eta \leqslant -\frac{1}{2}\alpha^2 + \alpha\delta + o(1) = \delta\alpha(1 - \frac{\alpha}{2\delta}) + o(1) = \alpha_1\delta + o(1)$$

这里

$$\alpha_1 = \alpha(1 - \frac{\alpha}{2\delta}) < \alpha \tag{4.70}$$

(2)在$[\zeta, \zeta + \delta - \alpha]$上,若 $V(\eta) \neq 0$,因为函数

$V(\eta)$在连续点处是递减的,而在不连续点则是递增的,因此$V(\eta)$只可能在区间$[\zeta,\zeta+\delta-\alpha]$内变号一次,设$V(\eta)$在$\eta=\eta_1$处变号,则由(4.60)知

$$\int_{\zeta}^{\zeta+\delta-\alpha}|V(\eta)|\mathrm{d}\eta=$$
$$\left|\int_{\zeta}^{\eta_1}V(\eta)\mathrm{d}\eta\right|+\left|\int_{\eta_1}^{\zeta+\delta-\alpha}V(\eta)\mathrm{d}\eta\right|<2A$$

若这种η_1不存在,则

$$\int_{\zeta}^{\zeta+\delta-\alpha}|V(\eta)|\mathrm{d}\eta=\left|\int_{\zeta}^{\zeta+\delta-\alpha}|V(\eta)|\mathrm{d}\eta\right|<A$$

因此,在这两种情形下都有

$$\int_{\zeta}^{\zeta+\delta}|V(\eta)|\mathrm{d}\eta=$$
$$\int_{\zeta}^{\zeta+\delta-\alpha}|V(\eta)|\mathrm{d}\eta+\int_{\zeta+\delta-\alpha}^{\zeta+\delta}|V(\eta)|\mathrm{d}\eta<$$
$$2A+\alpha^2+o(1)$$

但根据δ及α_1的取法(参看(4.68)及(4.70)),我们有

$$2A+\alpha^2\leqslant\alpha_1\delta$$

所以不论在何种情形,我们都证明了(4.67).下面来证明从(4.67)可推出(4.66).因此

$$\int_{0}^{\xi}|V(\eta)|\mathrm{d}\eta=$$
$$\int_{0}^{\sqrt{\xi}}|V(\eta)|\mathrm{d}\eta+\int_{\sqrt{\xi}}^{\xi}|V(\eta)|\mathrm{d}\eta\leqslant$$
$$\int_{\sqrt{\xi}}^{\xi}|V(\eta)|\mathrm{d}\eta+O(\sqrt{\xi})\tag{4.71}$$

$$\int_{\sqrt{\xi}}^{\xi}|V(\eta)|\mathrm{d}\eta=\sum_{m=0}^{M-1}\int_{\sqrt{\xi}+m\delta}^{\sqrt{\xi}+(m+1)\delta}|V(\eta)|\mathrm{d}\eta\tag{4.72}$$

这里 $M\leqslant\frac{\xi}{\delta}$. 由(4.67)知

$$\int_{\sqrt{\xi}+m\delta}^{\sqrt{\xi}+(m+1)\delta}|V(\eta)|\,\mathrm{d}\eta\leqslant\alpha_1\delta+o(1)$$

从而

$$\sum_{m=0}^{M-1}\int_{\sqrt{\xi}+m\delta}^{\sqrt{\xi}+(m+1)\delta}|V(\eta)|\,\mathrm{d}\eta\leqslant M\alpha_1\delta+o(M)$$

因为 $\delta>\alpha+1$,所以 $M\leqslant\xi$,故有

$$M\alpha_1\delta+o(M)\leqslant\alpha_1\xi+o(\xi)\qquad(4.73)$$

即

$$\int_{\sqrt{\xi}}^{\xi}|V(\eta)|\,\mathrm{d}\eta\leqslant\alpha_1\xi+o(\xi)\qquad(4.74)$$

将(4.74)代入(4.71)得

$$\int_{0}^{\xi}|V(\eta)|\,\mathrm{d}\eta\leqslant\alpha_1\xi+o(\xi)$$

定理证毕.

从定理 4.14 我们可推出

$$\beta=\overline{\lim_{\xi\to\infty}}\frac{1}{\xi}\int_{0}^{\xi}|V(\eta)|\,\mathrm{d}\eta\leqslant\alpha_1<\alpha$$

但这已与(4.57)矛盾,所以必有

$$\alpha=0$$

至此素数定理得证.

利用素数定理我们很易改进前章的一些结果 . 例如可以推出

$$p_n\sim n\log n$$

$$\sum_{p\leqslant x}\frac{1}{p}\sim\log\log x$$

等等.

三素数定理

第5章

哥德巴赫的第二个猜想,就是要证明任意不小于9的奇数都是三个素数之和.对这个猜想首先做出重要贡献的是英国数学家哈代与李特伍德.在20世纪20年代他们创造了一种方法,即所谓“圆法”.利用“圆法”及一个未经证实的猜想——黎曼猜想证明了任一充分大的奇数都是三个素数之和.虽然他们的工作是建立在一个未经证实的另一个猜想的基础之上的,但是他们的方法对后来的研究工作却产生了深远的影响.1937年苏联数学家维诺格拉多夫利用“圆法”及他自己创造的“三角和方法”证明了任一充分大的奇数都是三个素数之和.这就是著名的哥德巴赫-维诺格拉多夫定理,简称为三素数定理.本章的目的就是在大体上给出它的证明.

§1　问题的转化

设 N 表示奇数，哥德巴赫的第二个猜想就是要证明当 $N\geqslant 9$ 时，方程

$$N=p_1+p_2+p_3 \tag{5.1}$$

有解，这里 p_1,p_2,p_3 都是素数. 例如

$$31=3+11+17$$

$$25=5+7+13$$

等等.

方程(5.1)可以改写成下面的形式

$$N-p_1-p_2-p_3=0 \tag{5.2}$$

哈代与李特伍德首先把上面含有素数的方程的解的问题变成研究下面的积分是否大于零的问题

$$\int_0^1 e^{2\pi i\alpha(p_1+p_2+p_3-N)}\mathrm{d}\alpha \tag{5.3}$$

显然，若 $N-p_1-p_2-p_3=0$，则上面的积分等于 1；若 $N-p_1-p_2-p_3\neq 0$，则直接积分得到

$$\int_0^1 e^{2\pi i\alpha(p_1+p_2+p_3-N)}\mathrm{d}\alpha=\left.\frac{e^{2\pi i\alpha(p_1+p_2+p_3-N)}}{2\pi i(p_1+p_2+p_3-N)}\right|_0^1=0 \tag{5.4}$$

现在我们对所有不超过 N 的素数 p_1,p_2,p_3 将积分(5.3)求和得到

$$\sum_{p_1 \leqslant N}\sum_{p_2 \leqslant N}\sum_{p_3 \leqslant N}\int_0^1 e^{2\pi i\alpha(p_1+p_2+p_3-N)}\,d\alpha$$

根据上面的讨论,我们看出,若用 $r(N)$ 来表示方程

$$N = p_1 + p_2 + p_3, p_1, p_2, p_3 \leqslant N$$

的解的个数,则有

$$r(N) = \sum_{p_1 \leqslant N}\sum_{p_2 \leqslant N}\sum_{p_3 \leqslant N}\int_0^1 e^{2\pi i\alpha(p_1+p_2+p_3-N)}\,d\alpha \quad (5.5)$$

若 $r(N) > 0$,则说明哥德巴赫第二个猜想是正确的,否则是错误的(显然,恒有 $r(N) \geqslant 0$).

再利用下面的关系

$$e^{2\pi i\alpha(p_1+p_2+p_3-N)} = e^{2\pi i\alpha p_1} \cdot e^{2\pi i\alpha p_2} \cdot e^{2\pi i\alpha p_3}$$

可将 $r(N)$ 写成下面的形式

$$r(N) = \int_0^1 \Big(\sum_{p_1 \leqslant N} e^{2\pi i\alpha p_1}\sum_{p_2 \leqslant N} e^{2\pi i\alpha p_2}\sum_{p_3 \leqslant N} e^{2\pi i\alpha p_3}\Big)e^{-2\pi i\alpha N}\,d\alpha =$$

$$\int_0^1 \Big(\sum_{p \leqslant N} e^{2\pi i\alpha p}\Big)^3 e^{-2\pi i\alpha N}\,d\alpha =$$

$$\int_0^1 S^3(\alpha)e^{-2\pi i\alpha N}\,d\alpha \quad (5.6)$$

这里

$$S(\alpha) = \sum_{p \leqslant N} e^{2\pi i\alpha p} \quad (5.7)$$

因此我们的问题已变成要证明:对奇数 $N \geqslant 9$,下面的不等式

$$r(N) = \int_0^1 S^3(\alpha)e^{-2\pi i\alpha N}\,d\alpha > 0 \quad (5.8)$$

恒成立.

§2 圆 法

要证明 $r(N)>0$ 确实是件非常困难的事,因为我们对被积函数中的

$$S(\alpha)=\sum_{p\leqslant N}e^{2\pi i\alpha p}$$

的性质很不熟悉.这两位英国数学家发现,若用有理数去逼近在区间[0,1]中的任一实数,则当这些有理数的分母不太大时,被积函数的绝对值较大.因此他们用下面的方法来处理积分(5.6)(以下恒假定 N 为充分大的奇数).

首先,因为被积函数是以 1 为周期的周期函数,所以对任意的 $\tau\geqslant1$,积分(5.6)可以写成

$$r(N)=\int_{-\frac{1}{\tau}}^{1-\frac{1}{\tau}}S^3(\alpha)e^{-2\pi i\alpha N}d\alpha \qquad (5.9)$$

根据定理 2.21 知,在区间$[-\frac{1}{\tau},1-\frac{1}{\tau})$内的每一个实数 α,可以表示成下面的形式

$$\alpha=\frac{a}{q}+\beta,1\leqslant q\leqslant\tau,(a,q)=1,|\beta|\leqslant\frac{1}{q\tau} \qquad (5.10)$$

这里 $0\leqslant a\leqslant q-1$,而且仅当 $q=1$ 时,才能使 $a=0$.现在取 $\tau=N(\log N)^{-20}$,对每一个有理数

$$\frac{a}{q},0\leqslant a\leqslant q-1,(a,q)=1,q\leqslant\log^{15}N$$

以它为中心作一个小区间,其区间长度不超过$\frac{2}{q\tau}$,即使得该区间内的 α 应满足

$$\left|\alpha-\frac{a}{q}\right| \leqslant \frac{1}{q\tau} \tag{5.11}$$

这种小区间我们记作 $\mathfrak{m}(a,q)$. 我们要证明这些小区间是两两不相交的.

引理 5.1　当 $(a_1-a_2)^2+(q_1-q_2)^2 \neq 0$ 时, $\mathfrak{m}(a_1,q_1)$ 与 $\mathfrak{m}(a_2,q_2)$ 是不相交的.

证　因为 $q_1 \leqslant \log^{15} N, q_2 \leqslant \log^{15} N$,所以$\frac{a_1}{q_1}$与$\frac{a_2}{q_2}$之间的距离不能太小,即下式成立

$$\left|\frac{a_1}{q_1}-\frac{a_2}{q_2}\right| = \left|\frac{a_1q_2-a_2q_1}{q_1q_2}\right| \geqslant \frac{1}{q_1q_2}$$

上面的不等式是因为当 $a_2 \neq a_1, q_2 \neq q_1$ 时,有

$$|a_1q_2-a_2q_1| \neq 0$$

所以必有

$$|a_1q_2-a_2q_1| \geqslant 1$$

但另一方面,显然

$$\frac{1}{q_1\tau}+\frac{1}{q_2\tau} < \frac{1}{q_1q_2}$$

故这些小区间是两两不相交的.

显然这些小区间都包含在区间$\left[-\frac{1}{\tau},1-\frac{1}{\tau}\right)$内(上面的这种分割法,只包含 0,不包含 1,所以我们把原来的区间$\left[1-\frac{1}{\tau},1\right]$换成了$\left[-\frac{1}{\tau},0\right]$). 我们将这些小区间的全体记作 $\mathfrak{m}$,在区间$\left[-\frac{1}{\tau},1-\frac{1}{\tau}\right)$中除去 $\mathfrak{m}$

剩下的部分记作 E,则有

$$r(N)=r_1(N)+r_2(N) \tag{5.12}$$

这里

$$r_1(N)=\int_{\mathfrak{m}} S^3(\alpha)\mathrm{e}^{-2\pi i\alpha N}\mathrm{d}\alpha \tag{5.13}$$

$$r_2(N)=\int_{E} S^3(\alpha)\mathrm{e}^{-2\pi i\alpha N}\mathrm{d}\alpha \tag{5.14}$$

我们的目的就是要证明 $r_1(N)$ 是 $r(N)$ 的主要部分,$r_2(N)$ 是次要部分,从而推出当 N 为充分大的奇数时,恒有

$$r(N)\geqslant r_1(N)-|r_2(N)|>0$$

哈代与李特伍德称上面的方法为"圆法". 因为当 $0\leqslant\alpha\leqslant 1$ 时,$0\leqslant 2\pi\alpha\leqslant 2\pi$,而

$$\mathrm{e}^{2\pi i\alpha}$$

可以看成是长度为 1,辐角为 $2\pi\alpha$ 的单位圆周上的点. 区间[0,1]的两个端点 0,1 都对应圆周上同一个点,所以我们去掉右端点,使它们之间建立了一一对应的关系. 这样,对长度为 1 的直线段上的分割就对应在单位圆周上的分割. 这就是把这种方法称为"圆法"的由来.

§3 主要部分的估计

定理 5.1 设 N 为充分大的奇数,则下面的渐近公式成立

$$r_1(N)=\frac{1}{2}\sigma(N)\frac{N^2}{\log^3 N}+O\left(\frac{N^2}{\log^4 N}\right)$$

其中

$$\sigma(N)=\prod_{p}\left(1+\frac{1}{(p-1)^{3}}\right)\prod_{p\mid N}\left(1-\frac{1}{p^{2}-3p+3}\right)$$

"$\prod\limits_{p}$"表示通过所有素数的无穷乘积,"$\prod\limits_{p\mid N}$"表示乘积只通过 N 的素因子,且有 $\sigma(N)>1$.

为了证明定理5.1我们需要下面的几个引理:

引理5.2　设

$$\alpha=\frac{a}{p}+\beta,(a,q)=1,q\leqslant\log^{15}N,|\beta|\leqslant\frac{1}{q\tau}$$

则有

$$S(\alpha)=\frac{\mu(q)}{\varphi(q)}\sum_{n=3}^{N}\frac{\mathrm{e}^{2\pi\mathrm{i}\beta n}}{\log n}+O(N\mathrm{e}^{-c_4\sqrt{\log N}})$$

这里 $\mu(q)$,$\varphi(q)$ 分别表示麦比乌斯函数及欧拉函数,c_4 为正的绝对常数.

证

$$\begin{aligned}S(\alpha)=S\left(\frac{a}{q}+\beta\right)&=\sum_{p\leqslant N}\mathrm{e}^{2\pi\mathrm{i}\frac{a}{q}p}\mathrm{e}^{2\pi\mathrm{i}\beta p}=\\&\sum_{\sqrt{N}<p\leqslant N}\mathrm{e}^{2\pi\mathrm{i}\frac{a}{q}p}\mathrm{e}^{2\pi\mathrm{i}\beta p}+O(\sqrt{N})=\\&\sum_{l=1}^{q}\sum_{\sqrt{N}<p\leqslant N,p\equiv l(\bmod q)}\mathrm{e}^{2\pi\mathrm{i}\frac{a}{q}p}\mathrm{e}^{2\pi\mathrm{i}\beta p}+O(\sqrt{N})=\\&\sum_{l=1,(l,q)=1}^{q}\mathrm{e}^{2\pi\mathrm{i}\frac{a}{q}l}\sum_{\sqrt{N}<p\leqslant N,p\equiv l(\bmod q)}\mathrm{e}^{2\pi\mathrm{i}\beta p}+O(\sqrt{N})\end{aligned}$$

因为 $\sqrt{N}<p$,而 $q\leqslant\log^{15}N$,所以必有 $(p,q)=1$,亦即 $(l,q)=1$.

由此得到

$$S(\alpha)=S(\frac{a}{q}+\beta)=$$
$$\sum_{l=1,(l,q)=1}^{q}\mathrm{e}^{2\pi\mathrm{i}\frac{a}{q}l}\sum_{\sqrt{N}<p\leqslant N,p\equiv l(\bmod q)}\mathrm{e}^{2\pi\mathrm{i}\beta p}+O(\sqrt{N})\tag{5.15}$$

我们先来研究

$$T(l)=\sum_{\sqrt{N}<p\leqslant N,p\equiv l(\bmod q)}\mathrm{e}^{2\pi\mathrm{i}\beta p}\tag{5.16}$$

这就要用到定理 3. 4 这一极为深刻的结果：当 $q\leqslant\log^{15}n$时，有

$$\pi(n;q,l)=\frac{\mathrm{Li}\,n}{\varphi(q)}+O(n\mathrm{e}^{-c_2\sqrt{\log n}})\tag{5.17}$$

下面的式子是显然成立的

$$\pi(n;q,l)-\pi(n-1;q,l)=\begin{cases}1,n=p\equiv l(\bmod q)\\0,\text{其他情形}\end{cases}$$

将上式代入(5. 16)并利用(5. 17)就得到

$$T(l)=\sum_{\sqrt{N}<p\leqslant N,p\equiv l(\bmod q)}\mathrm{e}^{2\pi\mathrm{i}\beta p}=$$
$$\sum_{\sqrt{N}<n\leqslant N}(\pi(n;q,l)-\pi(n-1;q,l))\mathrm{e}^{2\pi\mathrm{i}\beta n}=$$
$$\sum_{\sqrt{N}<n\leqslant N-1}\pi(n;q,l)(\mathrm{e}^{2\pi\mathrm{i}\beta n}-\mathrm{e}^{2\pi\mathrm{i}\beta(n+1)})+$$
$$\pi(N;q,l)\mathrm{e}^{2\pi\mathrm{i}\beta N}+O(\sqrt{N})=$$
$$\sum_{\sqrt{N}<n\leqslant N-1}\frac{\mathrm{Li}\,n}{\varphi(q)}(\mathrm{e}^{2\pi\mathrm{i}\beta n}-\mathrm{e}^{2\pi\mathrm{i}\beta(n+1)})+$$
$$O(N\mathrm{e}^{-c_2\sqrt{\log N}}\sum_{n\leqslant N}|\mathrm{e}^{2\pi\mathrm{i}\beta}-1|)+$$
$$\frac{\mathrm{Li}\,N}{\varphi(q)}\mathrm{e}^{2\pi\mathrm{i}\beta N}+O(N\mathrm{e}^{-c_2\sqrt{\log N}})+O(\sqrt{N})\tag{5.18}$$

由式(3.46)知,当$|\beta|$很小时,有

$$e^{2\pi i\beta}-1=O(|\beta|) \tag{5.19}$$

所以,我们得到

$$\begin{aligned}
T(l)=&\sum_{\sqrt{N}<n\leqslant N-1}\frac{\mathrm{Li}\, n}{\varphi(q)}(e^{2\pi i\beta n}-e^{2\pi i\beta(n+1)})+\\
&O(N^2e^{-c_2\sqrt{\log N}}|\beta|)+\\
&\frac{\mathrm{Li}\, N}{\varphi(q)}e^{2\pi i\beta N}+O(Ne^{-c_2\sqrt{\log N}})=\\
&\sum_{\sqrt{N}<n\leqslant N-1}\frac{\mathrm{Li}\, n}{\varphi(q)}(e^{2\pi i\beta n}-e^{2\pi i\beta(n+1)})+\\
&\frac{\mathrm{Li}\, N}{\varphi(q)}e^{2\pi i\beta N}+O(\frac{N^2e^{-c_2\sqrt{\log N}}}{\tau})+O(Ne^{-c_2\sqrt{\log N}})=\\
&\sum_{\sqrt{N}<n\leqslant N-1}\frac{\mathrm{Li}\, n}{\varphi(q)}(e^{2\pi i\beta n}-e^{2\pi i\beta(n+1)})+\\
&\frac{\mathrm{Li}\, N}{\varphi(q)}e^{2\pi i\beta N}+O(Ne^{-c_2\sqrt{\log N}}\log^{20}N)+O(Ne^{-c_2\sqrt{\log N}})=\\
&\sum_{\sqrt{N}<n\leqslant N-1}\frac{\mathrm{Li}\, n}{\varphi(q)}(e^{2\pi i\beta n}-e^{2\pi i\beta(n+1)})+\\
&\frac{\mathrm{Li}\, N}{\varphi(q)}e^{2\pi i\beta N}+O(Ne^{-\frac{c_2}{2}\sqrt{\log N}})=\\
&\frac{1}{\varphi(q)}\sum_{\sqrt{N}<n\leqslant N}(\mathrm{Li}\, n-\mathrm{Li}(n-1))e^{2\pi i\beta n}+\\
&O(Ne^{-c_3\sqrt{\log N}})=\\
&\frac{1}{\varphi(q)}\sum_{\sqrt{N}<n\leqslant N}(\int_{n-1}^{n}\frac{dt}{\log t})e^{2\pi i\beta n}+\\
&O(Ne^{-c_3\sqrt{\log N}})=\\
&\frac{1}{\varphi(q)}\sum_{3\leqslant n\leqslant N}\frac{e^{2\pi i\beta n}}{\log n}+O(\frac{1}{\varphi(q)}\sum_{3\leqslant n\leqslant N}\frac{1}{n\log^2 n})+\\
&O(Ne^{-c_3\sqrt{\log N}})=
\end{aligned}$$

$$\frac{1}{\varphi(q)}\sum_{3\leqslant n\leqslant N}\frac{e^{2\pi i\beta n}}{\log n}+O(Ne^{-c_3\sqrt{\log N}}) \tag{5.20}$$

在上式的推导中我们用到了两个简单的式子：

(1) $\frac{1}{\log t}=\frac{1}{\log n}+O(\frac{1}{n\log^2 n}), n-1<t<n$;

(2) $\sum_{n=3}^{\infty}\frac{1}{n\log^2 n}=O(1)$.

现将(5.20)代入(5.15)，就得到

$$S(\alpha)=S(\frac{a}{q}+\beta)=\sum_{l=1,(l,q)=1}^{q}e^{2\pi i\frac{a}{q}l}\frac{1}{\varphi(q)}\sum_{3\leqslant n\leqslant N}\frac{e^{2\pi i\beta n}}{\log n}+O(qNe^{-c_3\sqrt{\log N}})=\frac{\mu(q)}{\varphi(q)}\sum_{3\leqslant n\leqslant N}\frac{e^{2\pi i\beta n}}{\log n}+O(Ne^{-c_4\sqrt{\log N}})$$

(这里显然可取 $c_3=\frac{1}{2}c_2, c_4=\frac{1}{2}c_3$)，参看式(3.42)).

引理得证.

由引理 5.2 可以推出

$$S^3(\frac{a}{q}+\beta)=\frac{\mu^3(q)}{\varphi^3(q)}(\sum_{3\leqslant n\leqslant N}\frac{e^{2\pi i\beta n}}{\log n})^3+O(N^3e^{-c_4\sqrt{\log N}})=\frac{\mu^3(q)}{\varphi^3(q)}M^3(\beta)+O(N^3e^{-c_4\sqrt{\log N}}) \tag{5.21}$$

这里

$$M(\beta)=\sum_{3\leqslant n\leqslant N}\frac{e^{2\pi i\beta n}}{\log n}$$

由(5.13)及(5.21)可以得到

$$r_1(N)=\int_{\mathfrak{m}}S^3(\alpha)\mathrm{e}^{-2\pi i\alpha N}\mathrm{d}\alpha=$$

$$\sum_{q\leqslant\log^{15}N}\sum_{a=1,(a,q)=1}^{q}\int_{-\frac{1}{q\tau}}^{\frac{1}{q\tau}}S^3\left(\frac{a}{q}+\beta\right)\mathrm{e}^{-2\pi i\left(\frac{a}{q}+\beta\right)N}\mathrm{d}\beta=$$

$$\sum_{q\leqslant\log^{15}N}\frac{\mu^3(q)}{\varphi^3(q)}\sum_{a=1,(a,q)=1}^{q}\mathrm{e}^{-2\pi i\frac{a}{q}N}\int_{-\frac{1}{q\tau}}^{\frac{1}{q\tau}}M^3(\beta)\cdot$$

$$\mathrm{e}^{-2\pi i\beta N}\mathrm{d}\beta+O\left(\sum_{q\leqslant\log^{15}N}q\cdot\frac{1}{q\tau}\cdot N^3\mathrm{e}^{-c_4\sqrt{\log N}}\right)=$$

$$\sum_{q\leqslant\log^{15}N}\frac{\mu^3(q)}{\varphi^3(q)}\sum_{a=1,(a,q)=1}^{q}\mathrm{e}^{-2\pi i\frac{a}{q}N}\int_{-\frac{1}{q\tau}}^{\frac{1}{q\tau}}M^3(\beta)\cdot$$

$$\mathrm{e}^{-2\pi i\beta N}\mathrm{d}\beta+O(N^2\mathrm{e}^{-c_5\sqrt{\log N}})\tag{5.22}$$

(可取 $c_5=\frac{1}{2}c_4$).

现在的问题变成了研究积分

$$\int_{-\frac{1}{q\tau}}^{\frac{1}{q\tau}}M^3(\beta)\mathrm{e}^{-2\pi i\beta N}\mathrm{d}\beta$$

为此,我们先证明下面的引理:

引理 5.3　设

$$M_0(\beta)=\frac{1}{\log N}\sum_{3\leqslant n\leqslant N}\mathrm{e}^{2\pi i\beta n}$$

则有

$$\int_{-\frac{1}{q\tau}}^{\frac{1}{q\tau}}|M^3(\beta)-M_0^3(\beta)|\mathrm{d}\beta=O\left(\frac{N^2}{\log^4N}\right)$$

证

$$\int_{-\frac{1}{q\tau}}^{\frac{1}{q\tau}}|M^3(\beta)-M_0^3(\beta)|\mathrm{d}\beta\leqslant$$

$$2\max_{|\beta|\leqslant\frac{1}{q\tau}}|M(\beta)-M_0(\beta)|\cdot$$

$$\int_{-\frac{1}{2}}^{\frac{1}{2}}(|M_0(\beta)|^2+|M(\beta)|^2)\mathrm{d}\beta$$

因为

$$\begin{aligned}|M(\beta)-M_0(\beta)| &\leqslant \sum_{3\leqslant n\leqslant N}\left(\frac{1}{\log n}-\frac{1}{\log N}\right)\leqslant \\ &\sum_{3\leqslant n\leqslant N}\left(\int_{n-1}^{n}\frac{\mathrm{d}t}{\log t}-\frac{1}{\log N}\right)= \\ &\int_2^N\frac{\mathrm{d}t}{\log t}-\frac{N-2}{\log N}= \\ &\frac{N}{\log N}+O\left(\frac{N}{\log^2 N}\right)-\frac{N}{\log N}= \\ &O\left(\frac{N}{\log^2 N}\right)\quad(\text{可参看}(3.48))\end{aligned} \tag{5.23}$$

而

$$\begin{aligned}\int_{-\frac{1}{2}}^{\frac{1}{2}}|M(\beta)|^2\mathrm{d}\beta &= \int_{-\frac{1}{2}}^{\frac{1}{2}}\sum_{3\leqslant n_1\leqslant N}\frac{\mathrm{e}^{2\pi\mathrm{i}\beta n_1}}{\log n_1}\sum_{3\leqslant n_2\leqslant N}\frac{\mathrm{e}^{-2\pi\mathrm{i}\beta n_2}}{\log n_2}\mathrm{d}\beta= \\ &\sum_{3\leqslant n_1\leqslant N}\frac{1}{\log n_1}\sum_{3\leqslant n_2\leqslant N}\frac{1}{\log n_2}\cdot \\ &\int_{-\frac{1}{2}}^{\frac{1}{2}}\mathrm{e}^{2\pi\mathrm{i}\beta(n_1-n_2)}\mathrm{d}\beta\end{aligned}$$

因为

$$\int_{-\frac{1}{2}}^{\frac{1}{2}}\mathrm{e}^{2\pi\mathrm{i}\beta(n_1-n_2)}\mathrm{d}\beta=\begin{cases}1, n_1=n_2\\0, n_1\neq n_2\end{cases}$$

所以

$$\int_{-\frac{1}{2}}^{\frac{1}{2}}|M(\beta)|^2\mathrm{d}\beta=\sum_{3\leqslant n\leqslant N}\frac{1}{\log^2 n}=O\left(\frac{N}{\log^2 N}\right) \tag{5.24}$$

上式最后一步是由于

$$\sum_{3\leqslant n\leqslant N}\frac{1}{\log^2 n}=\sum_{3\leqslant n\leqslant\sqrt{N}}\frac{1}{\log^2 n}+\sum_{\sqrt{N}<n\leqslant N}\frac{1}{\log^2 n}=$$

$$O(\sqrt{N})+O(\frac{N}{\log^2 N})=$$

$$O(\frac{N}{\log^2 N})$$

同样可得

$$\int_{-\frac{1}{2}}^{\frac{1}{2}}|M_0(\beta)|^2\mathrm{d}\beta=$$

$$\frac{1}{\log^2 N}\int_{-\frac{1}{2}}^{\frac{1}{2}}\sum_{3\leqslant n_1\leqslant N}\sum_{3\leqslant n_2\leqslant N}\mathrm{e}^{2\pi\mathrm{i}\beta(n_1-n_2)}\mathrm{d}\beta=$$

$$\frac{1}{\log^2 N}\sum_{3\leqslant n\leqslant N}1=O(\frac{N}{\log^2 N})\tag{5.25}$$

由(5.22)(5.23)及(5.24)得到

$$\int_{-\frac{1}{q\tau}}^{\frac{1}{q\tau}}|M^3(\beta)-M_0^3(\beta)|\mathrm{d}\beta=O(\frac{N^2}{\log^4 N})\tag{5.26}$$

所以

$$\int_{-\frac{1}{q\tau}}^{\frac{1}{q\tau}}M^3(\beta)\mathrm{e}^{-2\pi\mathrm{i}\beta N}\mathrm{d}\beta=\int_{-\frac{1}{q\tau}}^{\frac{1}{q\tau}}M_0^3(\beta)\mathrm{e}^{-2\pi\mathrm{i}\beta N}\mathrm{d}\beta+$$

$$\int_{-\frac{1}{q\tau}}^{\frac{1}{q\tau}}(M^3(\beta)-M_0^3(\beta))\mathrm{e}^{-2\pi\mathrm{i}\beta N}\mathrm{d}\beta=$$

$$\int_{-\frac{1}{q\tau}}^{\frac{1}{q\tau}}M_0^3(\beta)\mathrm{e}^{-2\pi\mathrm{i}\beta N}\mathrm{d}\beta+O(\frac{N^2}{\log^4 N})\tag{5.27}$$

引理 5.4 设 $q\leqslant\log^{15}N$,则

$$\int_{-\frac{1}{q\tau}}^{\frac{1}{q\tau}} M_0^3(\beta)\mathrm{e}^{-2\pi\mathrm{i}\beta N}\mathrm{d}\beta = \int_{-\frac{1}{2}}^{\frac{1}{2}} M_0^3(\beta)\mathrm{e}^{-2\pi\mathrm{i}\beta N}\mathrm{d}\beta + O\left(\frac{N^2}{\log^{10}N}\right)$$

证

$$\int_{-\frac{1}{2}}^{\frac{1}{2}} M_0^3(\beta)\mathrm{e}^{-2\pi\mathrm{i}\beta N}\mathrm{d}\beta = \int_{-\frac{1}{2}}^{-\frac{1}{q\tau}} M_0^3(\beta)\mathrm{e}^{-2\pi\mathrm{i}\beta N}\mathrm{d}\beta + \int_{-\frac{1}{q\tau}}^{\frac{1}{q\tau}} M_0^3(\beta)\mathrm{e}^{-2\pi\mathrm{i}\beta N}\mathrm{d}\beta + \int_{\frac{1}{q\tau}}^{\frac{1}{2}} M_0^3(\beta)\mathrm{e}^{-2\pi\mathrm{i}\beta N}\mathrm{d}\beta$$

由定理 2. 20 得到,当$\frac{1}{q\tau}<|\beta|\leqslant\frac{1}{2}$时,有

$$M_0(\beta) = \sum_{3\leqslant n\leqslant N}\mathrm{e}^{2\pi\mathrm{i}\beta N} \leqslant \frac{1}{2|\beta|}$$

所以

$$\left|\int_{\frac{1}{q\tau}}^{\frac{1}{2}} M_0^3(\beta)\mathrm{e}^{-2\pi\mathrm{i}\beta N}\mathrm{d}\beta\right| \leqslant \int_{\frac{1}{q\tau}}^{\frac{1}{2}} \frac{\mathrm{d}\beta}{\beta^3} = O(q^2\tau^2) = O\left(\frac{N^2}{\log^{10}N}\right)$$

同样可得

$$\left|\int_{-\frac{1}{2}}^{-\frac{1}{q\tau}} M_0^3(\beta)\mathrm{e}^{-2\pi\mathrm{i}\beta N}\mathrm{d}\beta\right| = O\left(\frac{N^2}{\log^{10}N}\right)$$

引理得证.

引理 5. 5

$$\int_{-\frac{1}{2}}^{\frac{1}{2}} M_0^3(\beta)\mathrm{e}^{-2\pi\mathrm{i}\beta N}\mathrm{d}\beta = \frac{N^2}{2\log^3 N} + O\left(\frac{N}{\log^3 N}\right)$$

证

$$\int_{-\frac{1}{2}}^{\frac{1}{2}} M_0^3(\beta)\mathrm{e}^{-2\pi i\beta N}\mathrm{d}\beta =$$

$$\frac{1}{\log^3 N}\sum_{3\leqslant n_1\leqslant N}\sum_{3\leqslant n_2\leqslant N}\sum_{3\leqslant n_3\leqslant N}\int_{-\frac{1}{2}}^{\frac{1}{2}}\mathrm{e}^{-2\pi i\beta(N-n_1-n_2-n_3)}\mathrm{d}\beta =$$

$$\frac{1}{\log^3 N}\sum_{N=n_1+n_2+n_3,3\leqslant n_1,n_2,n_3\leqslant N}1$$

对于固定的 n_3，$3\leqslant n_3\leqslant N-6$，方程

$$n_1+n_2=N-n_3$$
$$3\leqslant n_1,n_2\leqslant N-6$$

共有 $N-n_3-5$ 个解答；所以

$$\sum_{N=n_1+n_2+n_3,3\leqslant n_1,n_2,n_3\leqslant N}1=\sum_{n_3=3}^{N-6}(N-n_3-5)=\frac{N^2}{2}+O(N)$$

由此得

$$\int_{-\frac{1}{2}}^{\frac{1}{2}} M_0^3(\beta)\mathrm{e}^{-2\pi i\beta N}\mathrm{d}\beta=\frac{N^2}{2\log^3 N}+O(\frac{N}{\log^3 N})$$

由引理5.3、引理5.4及引理5.5可得到下面的估计式

$$\int_{-\frac{1}{q\tau}}^{\frac{1}{q\tau}} M^3(\beta)\mathrm{e}^{-2\pi i\beta N}\mathrm{d}\beta=\frac{N^2}{2\log^3 N}+O(\frac{N^2}{\log^4 N})$$

将它代入(5.22)，得到

$$r_1(N)=\frac{N^2}{2\log^3 N}\sum_{q\leqslant\log^{15}N}\frac{\mu^3(q)}{\varphi^3(q)}\sum_{a=1,(a,q)=1}^{q}\mathrm{e}^{-2\pi i\frac{a}{q}N}+O(\frac{N^2}{\log^4 N}\sum_{q=1}^{\infty}\frac{1}{\varphi^2(q)})$$

利用定理3.1有

$$\sum_{q=1}^{\infty}\frac{1}{\varphi^{2}(q)}=O\left(\sum_{q=1}^{\infty}\frac{(\log\log q)^{32}}{q^{2}}\right)=O\left(\sum_{q=1}^{\infty}\frac{1}{q^{\frac{3}{2}}}\right)=O(1)$$

故得

$$r_{1}(N)=\frac{N^{2}}{2\log^{3}N}\sum_{q\leqslant\log^{15}N}\frac{\mu^{3}(q)}{\varphi^{3}(q)}\cdot\sum_{a=1,(a,q)=1}^{q}\mathrm{e}^{-2\pi\mathrm{i}\frac{a}{q}N}+O\left(\frac{N^{2}}{\log^{4}N}\right)\qquad(5.28)$$

而

$$\sum_{q\leqslant\log^{15}N}\frac{\mu^{3}(q)}{\varphi^{3}(q)}\sum_{a=1,(a,q)=1}^{q}\mathrm{e}^{-2\pi\mathrm{i}\frac{a}{q}N}=\sum_{q=1}^{\infty}\frac{\mu^{3}(q)}{\varphi^{3}(q)}\sum_{a=1,(a,q)=1}^{q}\mathrm{e}^{-2\pi\mathrm{i}\frac{a}{q}N}+I\qquad(5.29)$$

这里

$$I=O\left(\sum_{q>\log^{15}N}\frac{1}{\varphi^{2}(q)}\right)$$

再利用定理 3. 1,可得

$$\sum_{q>\log^{15}N}\frac{1}{\varphi^{2}(q)}=O\left(\sum_{q>\log^{15}N}\frac{1}{q^{\frac{3}{2}}}\right)$$

但

$$\sum_{q>\log^{15}N}\frac{1}{q^{\frac{3}{2}}}=O\left(\int_{\log^{15}N}^{\infty}\frac{\mathrm{d}t}{t^{\frac{3}{2}}}\right)=O(\log^{-7}N)$$

所以

$$I=O(\log^{-7}N)$$

将上式代入(5. 29)及(5. 28)得

$$r_{1}(N)=\frac{1}{2}\sigma(N)\frac{N^{2}}{\log^{3}N}+O\left(\frac{N^{2}}{\log^{4}N}\right)\qquad(5.30)$$

这里

$$\sigma(N)=\sum_{q=1}^{\infty}\frac{\mu^3(q)}{\varphi^3(q)}\sum_{a=1,(a,q)=1}^{q}\mathrm{e}^{-2\pi\mathrm{i}\frac{a}{q}N}\quad(5.31)$$

其中 $\sigma(N)$ 称作“奇异级数”. 下面我们来证明,对于奇数 N 恒有

$$\sigma(N)>1$$

在第2章内我们已经知道了 $\mu(q)$, $\varphi(q)$ 及 $\sum\limits_{a=1,(a,q)=1}^{q}\mathrm{e}^{-2\pi\mathrm{i}\frac{a}{q}N}$ 都是可乘函数,所以

$$r(q)=\frac{\mu^3(q)}{\varphi^3(q)}\sum_{a=1,(a,q)=1}^{q}\mathrm{e}^{-2\pi\mathrm{i}\frac{a}{q}N}$$

亦为可乘函数. 由式(3.4)知道

$$\sum_{q=1}^{\infty}r(q)=\prod_{p}(1+r(p)+r(p^2)+\cdots)$$

因为

$$\mu(p)=-1,\varphi(p)=p-1$$

由定理2.17得

$$\sum_{a=1}^{p-1}\mathrm{e}^{-2\pi\mathrm{i}\frac{a}{p}N}=\begin{cases}p-1,p\mid N\\-1,p\nmid N\end{cases}$$

这里 $p\nmid N$ 表示 p 除不尽 N. 因此我们有

$$r(p)=\begin{cases}-\dfrac{1}{(p-1)^2},p\mid N\\ \dfrac{1}{(p-1)^3},p\nmid N\end{cases}$$

因为 $\mu(p^m)=0,m\geqslant2$,所以 $r(p^m)=0,m\geqslant2$.

由此得到

$$\sigma(N)=\sum_{q=1}^{\infty}r(q)=$$

$$\prod_{p\mid N}\left(1-\frac{1}{(p-1)^2}\right)\prod_{p\nmid N}\left(1+\frac{1}{(p-1)^3}\right)$$

显见

$$\prod_{p\mid N}\left(1-\frac{1}{(p-1)^2}\right) > \prod_{2\leqslant n\leqslant N}\left(1-\frac{1}{n^2}\right) =$$

$$\prod_{2\leqslant n\leqslant N}\left(1-\frac{1}{n}\right)\left(1+\frac{1}{n}\right) =$$

$$\frac{1}{2}\frac{N+1}{N} > \frac{1}{2}$$

而

$$\prod_{p\nmid N}\left(1+\frac{1}{(p-1)^3}\right) > 2$$

(这里我们都用到了 N 为奇数的条件). 所以有

$$\sigma(N) > 1$$

因为

$$\prod_{p\nmid N}\left(1+\frac{1}{(p-1)^3}\right) =$$

$$\prod_{p}\left(1+\frac{1}{(p-1)^3}\right)\prod_{p\mid N}\left(1+\frac{1}{(p-1)^3}\right)^{-1}$$

所以

$$\sigma(N) = \prod_{p}\left(1+\frac{1}{(p-1)^3}\right)\prod_{p\mid N}\left(1-\frac{1}{(p-1)^2}\right)\cdot$$

$$\left(1+\frac{1}{(p-1)^3}\right)^{-1} =$$

$$\prod_{p}\left(1+\frac{1}{(p-1)^3}\right)\prod_{p\mid N}\left(1-\frac{1}{p^2-3p+3}\right) \tag{5.32}$$

至此,定理 5.1 得证.

§4　三素数定理

在前面我们已经证明了

$$r_1(N)=\sigma(N)\frac{N^2}{2\log^3 N}+O(\frac{N^2}{\log^4 N})$$

且 $\sigma(N)>1$. 若我们能证明

$$r_2(N)=O(\frac{N^2}{\log^4 N}) \tag{5.33}$$

则当 N 充分大时,就有

$$r(N)>r_1(N)-|r_2(N)|>\frac{1}{4}\frac{N^2}{\log^3 N} \tag{5.34}$$

所以现在的关键在于证明式(5.33). 但显然有

$$|r_2(N)|\leqslant\int_E|S^3(\alpha)|\,\mathrm{d}\alpha\leqslant$$

$$\max_{\alpha\in E}|S(\alpha)|\int_0^1|S(\alpha)|^2\mathrm{d}\alpha \tag{5.35}$$

这里$\max\limits_{\alpha\in E}$表示当 α 属于集合 E 时取的最大值.

但是

$$\int_0^1|S(\alpha)|^2\mathrm{d}\alpha=\int_0^1\sum_{p_1\leqslant N}\mathrm{e}^{2\pi\mathrm{i}\alpha p_1}\sum_{p_2\leqslant N}\mathrm{e}^{-2\pi\mathrm{i}\alpha p_2}\mathrm{d}\alpha=$$

$$\sum_{p_1\leqslant N}\sum_{p_2\leqslant N}\int_0^1\mathrm{e}^{2\pi\mathrm{i}\alpha(p_1-p_2)}\mathrm{d}\alpha=$$

$$\sum_{p\leqslant N}1=\pi(N)=$$

$$O(\frac{N}{\log N}) \tag{5.36}$$

由上式我们可以看出,若下面的估计式

$$\max_{\alpha \in E} |S(\alpha)| = O\left(\frac{N}{\log^3 N}\right) \qquad (5.37)$$

成立,则由(5.35)(5.36)及(5.37)可得到

$$r_2(N) = O\left(\frac{N^2}{\log^4 N}\right)$$

所以关键是要证明(5.37). 这就要用到下面的定理.

定理 5.2　设$(a,q)=1$,且

$$\left|\alpha - \frac{a}{q}\right| \leqslant \frac{1}{q\tau}, q > \log^{15} N, \tau = N\log^{-20} N$$

则有

$$\sum_{p \leqslant N} e^{2\pi i \alpha p} = O\left(\frac{N}{\log^3 N}\right)$$

而定理5.2就是著名的维诺格拉多夫定理. 但它的证明已超出了本书的范围,就不在这里给出了. 这样,我们就给出了充分大的奇数可以表示成三素数之和的大致证明步骤. 这是经过许多数学家的艰苦劳动才得到的. 但这还没有完全解决哥德巴赫的第二个猜想,因为有人经过计算指出:这里的"充分大"是要大于 $e^{e^{16.038}}$ 的奇数才行,但目前世界上最快的电子计算机也还不能证明当 $N \leqslant e^{e^{16.038}}$ 时的奇数都能表示成三个素数之和.

第6章 大偶数理论介绍

现在,作为本书即将结束的尾声,对哥德巴赫第一个猜想的研究成果再做一简要的介绍.

设 N_1 表示大偶数,令

$$r_1(N_1)=\sum_{N_1=p_1+p_2}1$$

则有

$$r_1(N_1)=\int_0^1 S^2(\alpha)\mathrm{e}^{-2\pi i\alpha N_1}\mathrm{d}\alpha \quad (6.1)$$

这里

$$S(\alpha)=\sum_{p\leqslant N_1}\mathrm{e}^{2\pi i\alpha p} \quad (6.2)$$

我们用圆法来处理积分(6.1),与前章相同,得到

$$r_1(N_1)=\int_{\mathfrak{m}} S^2(\alpha)\mathrm{e}^{-2\pi i\alpha N_1}\mathrm{d}\alpha+\int_E S^2(\alpha)\mathrm{e}^{-2\pi i\alpha N_1}\mathrm{d}\alpha$$

我们可以证明

$$\int_{\mathfrak{m}} S^2(\alpha)\mathrm{e}^{-2\pi i\alpha N_1}\mathrm{d}\alpha = 2\prod_{p>2}\left(1-\frac{1}{(p-1)^2}\right)\cdot$$
$$\prod_{p\mid N,p>2}\left(1+\frac{1}{p-2}\right)\frac{N^2}{\log N_1}$$

但困难是前章的方法不能用来处理积分

$$\int_E S^2(\alpha)\mathrm{e}^{-2\pi i\alpha N_1}\mathrm{d}\alpha$$

尽管如此,利用圆法及三角和方法,华罗庚教授在 1938 年证明了下面的定理:

定理 6.1 设任给正数 C,一定存在 $X_0(C)$ 使当 $X\geqslant X_0$ 时,在区间 $[1,X]$ 内的偶数,除了不超过 $O\left(\frac{X}{\log^C X}\right)$ 个例外值外,所有的偶数都能表示成两个素数之和.

上面的定理在很大程度上说明了哥德巴赫猜想是正确的. 通常我们把可以表示成两个素数和的偶数称为哥德巴赫数,所以定理 6.1 告诉我们“几乎”所有的偶数都是哥德巴赫数.

1975 年两位英国数学家把定理 6.1 中的 $O\left(\frac{X}{\log^C X}\right)$ 改进成 $O(X^{1-\delta})$,这里 δ 为某一很小的正数. 陈景润与作者证明了这里的 $\delta\geqslant 0.011$.

另一方面的结果是关于小区间内的哥德巴赫数. 当前最好的结果是:

定理 6.2 设 X 充分大,则当 $h\geqslant X^{\frac{7}{72}}\log^C X$ 时,在 $[X,X+h]$ 内必有哥德巴赫数.

关于大偶数理论方面,目前进展的最佳结果就是

陈氏定理:

定理 6.3　设 $R(N_1)$ 表示 $p \leqslant N_1$ 的数目,它使得 $N_1 - p$ 至多有 2 个素因子,则

$$R(N_1) > 0.8 \prod_{p \mid N_1, p>2} \left(1 + \frac{1}{p-2}\right) \frac{N_1}{\log^2 N_1}$$

用同样的方法他还证明了:

定理 6.3′　有无穷多个素数 p,使得 $p+2$ 的素因子至多有 2 个.

是否有无穷多个素数 p 存在,使得 $p+2$ 亦为素数? 此即著名的孪生素数问题,其困难程度与哥德巴赫猜想可以说是相同的,也是一个至今尚未解决的难题.

潘承洞:执着于哥德巴赫猜想的数学家[①]

附

录

潘承洞,1934 年 5 月 26 日生于江苏省苏州市,1997 年 12 月 27 日于济南逝世,生前任山东大学校长、中国科学院院士、全国人大代表.

潘承洞院士是当代著名数学家,专长解析数论,尤以对“哥德巴赫猜想”的研究成果为中外数学家所赞誉. 在国内外学术刊物上发表论文 50 余篇,出版专著及教材共 8 部. 共培养博士研究生 14 名,硕士生 20 余名. 1979 年他被国务院授予全国劳动模范称号,1984 年获国家首批有突出贡献的中青年专家称号,1991 年他当选为中国科学院院士,1995 年荣获香港何梁何利基金会科学与技术进步奖.

① 摘自微信公众号:数学英才.

（一）

潘承洞于1934年5月26日生于江苏省苏州市一个旧式大家庭中，他的父亲名子起，号良斋，母亲高嘉懿，江苏省常州市人，出身贫苦家庭，不识字. 他们生有一女两子. 父亲的忠厚，母亲的劳动妇女的优良品德与严格管教，使子女能够健康成长，激励他们奋发图强.

潘承洞在1946年8月考入苏州振声中学初中部，1949年毕业后考入苏州桃坞中学高中部，潘承洞小时候十分爱玩，棋、牌、足球、乒乓球、台球……样样都喜欢，玩得高兴时就什么都忘了. 因此，上小学时曾留级一年. 读高中时，教他数学的是上海、苏州地区有名望的祝忠俊先生. 一次，他发现《范氏大代数》一书中一道有关循环排列题的解答是错的，并做了改正. 这使得教了20多年书而忽略了这一点的祝老师对他不迷信书本，善于发现问题，进行独立思考的才能十分赞赏. 潘承洞在1952年高中毕业，同年考入北京大学数学力学系. 当时，全国高校刚调整院系，许多著名学者如江泽涵、段学复、戴文赛、闵嗣鹤、程民德、吴光磊等，为他们讲授基础课. 以具有许多简明、优美的猜想为特点的数学分支——数论，在历史上一直使各个时期的数学大师着迷. 但是，这些猜想中的大多数仍是未解决的问题. 它们深深地吸引了潘承洞. 闵嗣鹤对潘承洞循循善诱，引导他选学了解析数论专门化. 潘承洞1956年大学毕业，留在北京大学数学力学系工作. 翌年二月，成为闵嗣鹤的研究生.

20世纪50年代前后是近代解析数论的一个重要发展时期，为了研究数论中的著名猜想，一些重要的新的解析方法,如大筛法、黎曼泽塔函数与迪利克雷 L 函数的零点分布、塞尔伯格筛法等,相继被提出,成为当时解析数论界研究的中心. 闵嗣鹤教授极有远见地为潘承洞确定了研究方向:迪利克雷 L 函数的零点分布,及其在著名数论问题中的应用. 在学习期间,他还有幸参加了华罗庚教授在中国科学院数学研究所主持的哥德巴赫猜想讨论班,并与陈景润、王元等一起讨论,互相学习和启发. 在闵嗣鹤教授的指导下,潘承洞在解析数论的基础理论和研究方法上打下了坚实的基础,为后来的研究工作埋下了成功的伏笔. 1961 年 3 月研究生毕业后,他被分配到山东大学数学系任助教. 刚到山东大学的最初几年里,潘承洞对于解析数论研究的执着就得到了淋漓尽致的表现,在不到一年的时间里,他就自己的研究心得与中国科学院数学研究所的王元竟通信六十多次! 而同一时期他与未婚妻李淑英仅通了两封信. 往往因为一个问题,双方在信上你来我往几个回合. 在学术上的争论更加深了他们之间的友谊,这种真挚的友谊一直延续下来,成为数论界的一段佳话.

1978 年,潘承洞晋升为教授,1981 年他加入中国共产党. 1979 年至 1986 年,先后任山东大学数学系主任、数学研究所所长、山东大学副校长. 1986 年底他被任命为山东大学校长. 1991 年,潘承洞当选为中国科学院学部委员. 潘承洞是第五、六、七、八届全国人大代表. 他还担任了一些社会工作, 生前任山东省科协主席、中国数学会副理事长、山东省自然科学基金委员会副主任、国务院学位委员会数学学科评议组成员、《数学年刊》常务编委,他还参加了国家自然科学基金委

员会数学学科评审的领导工作.

1978 年,潘承洞荣获全国科学大会奖,并获全国科技先进工作者称号;1982 年,他因在哥德巴赫猜想研究中的突出贡献,与陈景润、王元一起获国家自然科学奖一等奖;1984 年被评为我国首批有突出贡献的中青年专家;1988 年获山东省首批专业技术拔尖人才荣誉称号.

潘承洞的兴趣爱好非常广泛,擅长桥牌、象棋和乒乓球.他在北京大学读书期间,就曾在北京市高校乒乓球比赛中获奖.在 1986 年举办的山东大学教工桥牌赛上,他不但登场献技,赛后还亲自为获奖选手书写并颁发了获奖证书.

潘承洞因患肠癌曾经两次住院动手术,第一次是在 1983 年,第二次在 1994 年. 1997 年 12 月 27 日,潘承洞因肠癌转移于山东省济南市逝世,享年仅 63 岁.

(二)

在北京大学就读研究生期间,潘承洞完成的主要论文有《论算术级数中的最小素数》和《堆垒素数论中的一些新结果》,其中前一篇将算术级数中最小素数问题的研究归结为与迪利克雷 L 函数有关的三个常数的估计,为这一问题的研究建立了基本的框架.到山东大学后的几年中,他着重研究了位列解析数论中最著名难题之一的哥德巴赫问题,证明了命题“1 +5”,即每一个充分大的偶数都可以表示成一个素数与一个素因子个数不超过 5 的奇数之和.这是对当时哥德巴赫猜想研究所进的一大步,是一个出人意料的重大进展.因为在这之前的最好结果是瑞尼所证明的命题“1 +

c",其中 c 是由瑞尼方法只能证明其存在性,但不能确定具体数值的常数. 如果按照瑞尼的方法来计算 c 的数值,只能得到一个天文数字. 潘承洞的工作建立在他本人对算术级数中素数分布均值定理的改进上,后来朋比尼由于对这一定理的进一步改进(即朋比尼 - 维诺格拉多夫定理)获得菲尔兹奖. 对此,后来的数论学家 E. Fouvry 和因凡涅斯曾评论道:"朋比尼 - 维诺格拉多夫定理是在林尼克、瑞尼、潘承洞、巴尔巴恩等人开创性工作的基础上得到的."这一时期他还在广义解析函数论及其在薄壳上的应用、数论在近似分析中的应用等方面做了许多有价值的工作. 1966 年开始的"文化大革命",严重地搅乱了科学研究,尤其是基础理论研究的正常秩序. 这使得潘承洞无法再正常进行他的解析数论研究工作. 出于当时的形势要求,潘承洞从纯理论的研究转向数学一些应用领域的研究,例如样条函数理论、滤波分析等. 他在样条函数上的工作至今仍经常被这一领域的研究者所引用. 1973 年, 陈景润关于哥德巴赫猜想的著名论文发表后, 潘承洞又开始了解析数论研究. 这一时期工作的代表性论文是《一个新的均值定理及其应用》. 他的主要贡献是提出并证明了一类新的有关算术级数中素数分布的均值定理,给出了这一定理对包括哥德巴赫猜想在内的许多著名数论问题的重要应用. 根据这一均值定理,潘承洞给出了陈景润定理的一个简化证明,此证明被公认为全世界五个陈氏定理简化证明中最好的一个. 1979 年 7 月,在英国 Durham 举行的国际解析数论会议上,潘承洞应邀以此为题做了一小时的报告,受到与会者的

高度评价. 在1988年"纪念华罗庚国际数论与分析会议"上,德国数学家里切特把朋比尼-维诺格拉多夫定理、陈景润定理与潘承洞的新均值定理称为这一领域中三项最重要的结果. 1982年, 潘承洞发表了论文《研究哥德巴赫猜想的一个新尝试》,提出了与已有研究截然不同的方法,对哥德巴赫猜想做了有益的探索.

1988~1990年间, 他与潘承彪以《小区间上的素变数三角和估计》为题发表了三篇论文,提出了用纯分析方法估计小区间上的素变数三角和,第一次严格地证明了小区间上的三素数定理,即任一充分大的奇数均可表为几乎相等的三个素数之和,且解数有渐近公式. 他们所使用的方法,不仅为研究小区间上素变数三角和估计提供了一条新途径,而且已被应用于其他解析数论问题中,显示出进一步发展和应用的潜力. 他还与陈景润合作,得到了哥德巴赫数例外集合估计的一个重要结果.

在三十多年的研究历程中,潘承洞在国内外重要学术刊物上发表论文50多篇. 论文《大偶数理论》于1978年获得全国科学大会奖;《均值定理与哥德巴赫猜想》获山东省科委一等奖;1982年,他由于在哥德巴赫猜想上的研究成果与王元、陈景润共同获得国家自然科学一等奖. 在国际数论界,人们把他与华罗庚、王元、陈景润并称为中国数论学派的代表人物. 1981年科学出版社出版了潘承洞与潘承彪合著的《哥德巴赫猜想》,对猜想的研究历史、主要研究方法及研究成果做了系统的介绍与有价值的总结,得到了国内外数学界的一致好评. 国际上两大权威数学评论都认为:"这是一部很有价值的专著”“不仅对中国从事解析数论的数学家会有重要影响,若成功地译成英文,将使西方世界同样受益”. 王元教授称该书“绝非材料的简单堆积,而是对过去研究成果的创造性总结”. 1992 年,科学出版社又出版了该书的英文版. 潘承洞还与潘承彪合著了《素数定理的初等证明》(1988),亲自撰写了科普读物《素数分布与哥德巴赫猜想》(1979). 这些著作对我国数论的研究、教学和人才培养起到了很好的作用.

(三)

潘承洞另一值得称道的方面是为国家培养人才方面做的工作. 在山东大学数学系任教的 30 多年中,始终工作在教学第一线,为大学生、研究生开设了 10 多门课程, 如数学分析、高等数学、实变函数论、复变函数论、阶的估计、计算方法、初等数论、拟保角变换、素数分布、堆垒素数论、哥德巴赫猜想,等等. 他讲课从不照本宣科,而是提纲挈领,讲透精华. 他对教学认真负责,对学生循循善诱,最大限度地激发学生的创造性.

他讲课的一个特点是风趣幽默、引人入胜,常常把一个原本枯燥的内容描绘得趣味盎然;另一个特点是粗线条的讲授,不在细枝末节上用太多的语言,而着重讲清问题的来龙去脉和其中蕴含的思想,对理论体系的发展、方法、结果加以分析,高屋建瓴,独辟蹊径. 20 世纪七八十年代刚刚恢复高考制度后的前几届大学生,他们大多经历坎坷,十分珍惜在大学学习的机会,对于老师讲过的每一段话都会在课下反复领会,直到弄懂弄通为止. 因此潘承洞的讲授使大家能领会到更

多的思想,掌握更多的数学方法,他的课程也因此受到了绝大多数同学的欢迎.

潘承洞对于教学工作非常热爱,即使是在他担任山东大学校长期间,工作非常繁忙,身体也不好,他也坚持抽出时间,担任一定的本科生教学任务. 在他的带领下,数学系的教师不仅对科研非常重视,对教学也非常认真. 1992 年,山东大学数学系被教育部评为首批"国家基础科学研究人才培养基地". 1995 年,他特地提出要求,让数学系的教务员给他安排了"阶的估计"课,由他本人亲自讲授,足见他对教学工作的重视.

结合多年科研工作的体会,潘承洞与于秀源合著了《阶的估计》一书,与潘承彪合著了《初等代数数论》《解析数论基础》(1991)、《初等数论》(1992)三本教材. 这几本书作为数学系本科生高年级和研究生的选修教材,给出了丰富的应用素材,是数学系本科生进一步深造的经典书籍,是多年来教学工作的深刻总结.《阶的估计》一书综合了各种阶的估计方法,如欧拉 - 麦克劳林求和公式、鞍点法、Tauber 型定理、傅里叶积分等,是至今为止国内唯一的一本讲述阶的估计方法的专门教材,对数学专业分析类各研究方向都是非常有用的. 在培养更高级的人才——研究生方面,潘承洞更是硕果累累,桃李满天下. 从 1978 年国家重新开始招收研究生起,至 1997 年去世,他总共指导培养了 14 名博士研究生和 20 多名硕士研究生, 其中包括我国首批博士学位获得者之一于秀源. 他不仅教授他的学生们知识,传授他们进行独立科研工作的本领,还以自己对数论研究的执着和一丝不苟的严谨态度示范做人,特别是做一个数学家所应有的素质. 潘承洞对每个研究生的论著都倾注了大量的心血,出主意,定方案,呕心沥血,但他从来也不让研究生在发表论文时署上他的名字. 目前,他培养的研究生已成为我国解析数论研究的中坚力量. 他的两个研究生于秀源和展涛,都被评为有突出贡献的博士学位获得者,其中于秀源现任杭州师范学院的副院长、博士生导师,展涛现任山东大学校长、博士生导师、教育部跨世纪人才. 他的另外几个学生,如王炜、张文鹏、李红泽、李大兴、郑志勇、刘建亚等,都在各自的岗位上取得了出色的成绩,均为博士生导师,其中郑志勇获得了国家杰出人才奖励基金,王炜获得国家教委科技进步二等奖、教育部跨世纪人才基金,刘建亚任山东大学数学与系统科学学院副院长,教育部跨世纪人才. 20 世纪 80 年代后期,信息技术产业兴起的浪潮传到我国,潘承洞敏锐地意识到数论将在信息科学中有广阔的应用前景,他做了一个大胆的决策,连续两年招收王小云、李大兴为博士研究生,研究的主攻方向改为数论在密码学中的应用. 这样,山东大学密码学领域的研究从无到有,现在已成为我国重要的密码学研究基地之一,相关成果已初步形成产业化. 既开拓了新的研究领域,也产生了可观的经济效益. 李大兴现为山东大学博士生导师,并获得了国家科技进步三等奖.

(四)

1987 年,潘承洞出任以文史见长的山东大学的校长,恰好面临新科技的挑战,他的治校方针是“文理并举,新老并进”. 在注重综合性大学的基础理论研究,

发展原有重点学科的同时,积极扶持建设一批高新技术学科,使得山东大学的人才培养工作尽快适应新的社会形势.他的社会工作是繁重的,要经常地召集大家开会、制定规划、听各方面的汇报,还要深入群众进行调查研究,但在这个天地里,他依然如鱼得水,各种事情处理的得心应手,深得群众的爱戴和拥护.不拘一格降人才,不讲门户爱人才,潘承洞对同辈、对同行无私坦荡,宽以待人,严于律己.他总是想方设法让尽可能多的人才、尽可能年轻的人才脱颖而出.在任校长期间,潘承洞着重抓了山东大学青年后备科研人才的培养和各学科教学科研梯队的建设,创造条件使青年学者能尽早地脱颖而出.1987 年,他拍板制定了给有博士学位的青年教师优先分配二室一厅住房的政策,使留校的或从兄弟院校引进的博士毕业研究生都获得了较好的居住条件,为他们解决了一定的后顾之忧.这在当时全国各高等院校中都是不多见的,这一政策一直延续至今.以前山东大学在评定职称的时候论资排辈的现象严重,在一定程度上阻碍了有才华的年轻学者尽快走上科研第一线.潘承洞为改变这种状况作了很大的努力.曾经有几位现在已非常知名的教授如彭实戈等人,当初晋升教授时因为资历的欠缺,遇到了不同程度的阻力,在潘承洞的过问下得到了及时解决.1992 年底他又主持制定了“破格教授”政策,即 40 岁以下的年轻教师晋升教授职称可不占用所在单位名额,由学校统一筛选.这样,1993 年 3 月,学校一次提拔了 40 岁以下的 16 位年轻教师为山东大学破格教授,最年轻的当时只有 30 岁.这些人后来都在科研工作中独当一

面，成为各自领域的佼佼者，有不少走上了教学科研或行政工作的领导岗位. 这些措施的实施，在山东大学职称评定工作中逐步形成了重能力、重成果、轻资历的良好风气.

在潘承洞的倡议下，山东大学提出了"面向山东、立足山东、服务山东"的口号，自 1994 年起，山东大学得到了来自教育部和山东省的两方面大力支持，为学校的长久可持续发展打下了良好的基础. 后来，山东大学在办学过程中得到山东省政府和济南市政府的多方面支持，顺利通过了国家"211 工程"的立项，建设资金也陆续到位. 这对改善办学条件，提高学校的总体水平起到了关键的作用. 1997 年 12 月，在省政府的帮助下，山东大学 80 多位博士生导师喜迁新居，住进了户均总建筑面积达到至少 100 平方米的"博导楼".

编辑手记

当本书即将付梓之际，笔者刚刚读完曹一鸣、张晓旭、周明旭编著的《与数学家同行》（南京师范大学出版社，2015年）一书.在其后记中曹教授写道：

> 许多人有一种爱看故事的情结.一个引人入胜的事故有时会给人留下深刻的印象，甚至影响人的一生.
>
> 我小的时候，特别喜欢看少年英雄的故事.不过对我影响最大、给我印象最深的，还是1978年1月发表在《人民文学》第1期的徐迟的报告文学《哥德巴赫猜想》，讲述的是数学家陈景润如何刻苦学习、专心研究，并在世界难题“哥德巴赫猜想”问题研究上走在了世界前列的故事.这个著名的报告文学，让当

> 时无数“有志青年学生”立志要向陈景润学习，“喜欢”上数学，成为一名陈景润式的数学家或科学家，去“攀登科学的高峰”. 我也许可以算是这其中的一员，考进大学数学系学习数学. 虽然我没能成为数学家或科学家，但这一故事对我成长的意义远远超过了做几道数学题，或者成绩上多考几分.

一篇报告文学，一个数学猜想可以改变一个人的一生. 1987 年《纽约时报》资深艺术评论员格蕾丝·格卢克曾在该报刊登的收藏家赛克勒的讣告中对其在精神病研究和其他领域取得的成就，给予了正面肯定. 自 20 世纪 40 年代起，赛克勒开始收藏艺术品. 他曾回忆说：“1950 年的美好一天，我与一些中国陶瓷和明式家具不期而遇，我的人生从此改弦易辙.”

同样，哥德巴赫猜想在 20 世纪不知使多少国人的人生从此改弦易辙.

如果要评选出在国人心中最具知名度的数学猜想的话，其结果会毫无悬念的为哥德巴赫猜想. 国学大师王国维说：一代有一代之文学. 同样一个时代也会有一个时代之数学.

自从公元 1742 年 6 月 7 日，普鲁士历史学家和数学家克里斯蒂安·哥德巴赫给著名数学家、沙皇彼得二世的家庭教师莱昂哈特·欧拉的一封信中提到了这个至今没人能完全证明的数论猜想后，经由华罗庚先生大力倡导，在 20 世纪中叶的中国形成研究热潮. 本书虽篇幅不大，但因其作者的权威之地位，使得本书成为此方向学者之集中展示，学术之精华汇集，学派之宏

观检阅,学史之全貌缩影.投身于此猜想中的中国数学家应有几十位甚至更多,从华罗庚、陈景润、王元及本书作者潘承洞院士,到越民义、丁夏畦、吴方、尹文霖、邵品琮、任建华、潘承彪、谢盛刚、楼世拓、姚琦、于秀源、陆洪文、陆鸣皋、冯克勤、于坤瑞、王天泽、展涛、刘建亚、蔡天新、张文鹏、贾朝华,这个优秀的群体及他们出色的结果使得20世纪80年代的中国既有高原又有高峰.

北大中文系教授陈平原在接受访问时说:

> 问:陈老师,您觉得,在您的生命历程中,最好和最坏的时代分别是什么时候呢?为什么?
>
> 答:最差的肯定是"文化大革命"时期,最好的是(20世纪)80年代.
>
> 问:80年代给您一种什么感觉?
>
> 答:那是一个有理想、有希望、年轻人朝气蓬勃的时代.
>
> 问:看到您对80年代的评价是"元气淋漓",那您能不能用一个词来形容现在这个时代?
>
> 答:今天这个时代,很难用一个词来形容.
>
> 问:是不是太复杂了?乱象横生.
>
> 答:也不能这么说,"乱象横生"这个词太贬义了,有点情绪化.现在这个时代,我更愿意说它"平庸".整个社会在发展,民众生活在改善,当然,矛盾也在积聚,危机依旧四伏.我之所以说它"平庸",是相对于20世纪80年代.现时代的年轻人太现实,缺少理想性,很多人不想

着"做大事",整天琢磨如何"当大官""赚大钱".我说 80 年代"元气淋漓",也不是没有缺憾,而是在整个社会生活中,你明显感到有一股"气"在.

本书最初是 20 世纪 80 年代(1979 年)在山东科学技术出版社出版的,今天再版仍然有其意义.

2000 年 3 月中旬,英国费伯出版社为配合希腊作家 Apostolos Doxiadis(时年 46 岁的 Doxiadis 18 岁从哥伦比亚大学数学系毕业,现从事小说与戏剧)创作的小说《彼得罗斯大叔和哥德巴赫猜想》(*Uncle Petros and Goldbach's Conjecture*)一书的出版制造舆论声势,悬赏 100 万美元征"哥德巴赫猜想之解". Doxiadis 的经纪人被这一举动惊呆了.出版商托比·费伯说:估计世界上有 20 个人有能力解答这个数学猜想.所以在 2000 年前后我国民间又掀起了哥德巴赫猜想热,但这些都是些逐利之徒,热闹一会就很快散去了.而在国外,2013 年,H. A. Helfgoot 宣布证明了关于奇数的哥德巴赫猜想,每个小于 7 的奇数都是三个素数之和(见"Minor arcs for Goldbach's problem"及"Major arcs for Goldbach's problem").要指出的是:对小于 10^{29} 的奇数这一结论是由计算机数值验证的.这之后不论是哥德巴赫猜想还是解析数论都沉寂了一阵子.风头逐渐被费马大定理、庞加莱猜想与朗兰兹猜想的各种新闻所抢走.

2013 年又一个"石破天惊"的大事件出现了,那就是张益唐攻破了孪生素数猜想.

张益唐,华人数学家. 1978 年考入北京大学数学

系,师从著名数学家、北京大学潘承彪教授攻读硕士学位;1992 年毕业于美国普渡大学,获博士学位.2013 年 5 月,张益唐在孪生素数研究方面取得了突破性进展,他证明了孪生素数猜想的一个弱化形式.在最新研究中,张益唐在不依赖未经证明推论的前提下,发现存在无穷多差小于 7 000 万的素数对,从而在孪生素数猜想这个此前没有数学家能实质推动的著名问题的道路上迈出了革命性的一大步.

2013 年 5 月 13 日,张益唐在美国哈佛大学发表演讲,介绍了他的这项研究进展.

同年 5 月 21 日,他在《数学年刊》(*Annals of Mathematics*)投稿《证明存在无穷多个质数对相差都小于 7 000万》的论文完成同行评审并被数学年刊接受.

张益唐"惊世骇俗"的工作从悄悄投出论文,进而被审稿人几乎是以数学史上最快的速度(两周时间)接受,引发数学界爆发性的关注和检验以及跟进,今天数学界已公认张益唐的结果为"里程碑"的贡献.

2013 年 12 月 2 日,美国数学会宣布 2014 年弗兰克·奈尔森·科尔(Frank Nelson Cole)数论奖将授予张益唐.

2014 年 2 月 13 日,张益唐获得瑞典皇家科学院,瑞典皇家音乐学院,瑞典皇家艺术学院联合设立的罗尔夫·肖克(Rolf Schock)视觉艺术奖中的数学奖.

2014 年 8 月,在韩国首尔的国际数学家大会上,张益唐获邀请在闭幕式之前做全会一小时邀请报告(Invited One-Hour Plenary Lectures)(国际数学家大会另有分组会 45 分钟邀请报告).

2014 年 9 月 16 日,获得麦克阿瑟天才奖(MacArthur Fellowship).

南京大学数学系孙智伟教授在南京大学小百合站发了一篇标题为:"稀疏素数表示之谜(12)——统一哥德巴赫猜想与孪生素数猜想"的博文. 指出:

> 哥德巴赫猜想断言大于 2 的偶数可表成两个素数之和,孪生素数猜想则断言有无穷多对孪生素数(相差为 2 的一对素数叫孪生素数). 这是数论中涉及素数的两个著名难题,前者是关于素数和的,后者是关于素数差的. 这两个猜想虽未解决但都有接近点的重要突破,即陈景润定理(1973)与张益唐定理(2013).
>
> 在 2012 ~ 2013 年,我认识到哥德巴赫猜想与孪生素数猜想各自可以加强. 2014 年 1 月 29 日在去食堂吃饭的路上,我意识到应把这两个猜想加强到同一个形式,形成一个统一的猜想. 别说这没有动机啊,你看社会上国家追求统一,科学上爱因斯坦不也花费多年心血追求物理学的统一场论吗? 有人可能说:"爱因斯坦是著名科学家,他追求统一是干大事;你小人物提统一就毫无意义."如果这么认为,我就真的无语了. 尽管许多解析数论学家认为哥德巴赫猜想与孪生素数猜想难度相当(都是关于两个素变元的线性方程,一个是 $p+q=2n$,另一个是 $p-q=2$),可在我之前从没人意识到或规划过两者的统一.
>
> 2014 年 1 月 29 日我把有百年以上历史的

哥德巴赫猜想与孪生素数猜想真的统一起来，形成了下述猜想.

猜想(Zhi-Wei Sun, Jan. 29, 2014)：任给整数 $n>2$，有素数 $p<2n$ 使得 $2n-p$ 与 $\mathrm{prime}(p+2)+2$ 均为素数，亦即 $2n$ 可表成 $p+q$的形式使得 p, q 与 $\mathrm{prime}(p+2)+2$ 都是素数，这里 $\mathrm{prime}(k)$表示第 k 个素数.

显然这个猜想是哥德巴赫猜想的加强. 为何说它蕴含着孪生素数猜想呢？假如只有有限对孪生素数，使得 $\mathrm{prime}(p+2)+2$ 为素数的素数 p 都小于某个偶数 $N>2$. 那么对于使 $\mathrm{prime}(p+2)+2$ 为素数的素数 p，$N!-p$ 是 p 倍数且 $N!-p\geqslant p(p+1)-p>p$，于是 $N!-p$ 不可能为素数，这与偶数 $N!$ 有猜想中所言的表示矛盾.

例如，20 有唯一合乎要求的表示 $3+17$，其中 3，17 与 $\mathrm{prime}(3+2)+2=11+2=13$ 都是素数. 又如，1 178 也有唯一合乎要求的表示：$577+601$，其中 577，601 与 $\mathrm{prime}(\mathrm{prime}(577+2))+2=\mathrm{prime}(579)+2=4\ 229+2=4\ 231$都是素数.

2014 年 5 月在清华大学做报告时，有人问为何猜想中要求 $\mathrm{prime}(p+2)+2$ 是素数，而不是要求$\mathrm{prime}(p)+2$ 是素数. 那自然是因为要求后者会出现反例.

我对直到 4 亿的偶数检验了上述猜想. 点击 http://oeis. org. /A236566/graph，大家可看

到 $n=1,\cdots,1\ 000$ 时 $2n$ 表法数生成的图形,从中可见表法数总体上比较稳定地增长. 所以猜想的正确性几乎不容置疑.

上述统一猜想的提出给身处寒冬的我带来一丝暖意. 当日我给 Number Theory List 写了题为"Unification of Goldbach's conjecture and the twin prime conjecture"的公开邮件报告这一让我兴奋的发现,2014 年 1 月 31 日(大年初一)我的贴子被正式公开,之后著名的 Number Theory Web 也链接了我的这个贴子. 当然我不是名人,假如是像陶哲轩那样的大人物提出这个统一性猜想,关注度无疑会更高些.

数学是富有想象的科学,也是最有理智的艺术.

编辑手记作为一种纸质出版时代的格式相对固定的文体是要对作者做一点评价的. 但由于笔者与作者之间学问及年龄相差过大,所以引用一位德高望重的长者之语是适当的. 王元院士在《潘承洞文集》(山东教育出版社,2002 年)一书的序中写道:

"潘承洞是 1952 年考入北京大学数学系的. 1954 年秋,他选择了闵嗣鹤先生的数论专门化,从那时开始,我们就认得了. 我虽然比他大四岁,但也是在 1953 年秋,才进入中国科学院数学研究所数论组工作的,师从华罗庚先生. 1956 年,华先生又从厦门调来了陈景润,所以我们几乎是同时起步搞数论,那时在北京搞数

论的人约有十多人.

早在昆明西南联大时期,闵先生就是华先生的助手与合作者了.闵先生常鼓励他的学生来数学所参加华先生领导的哥德巴赫猜想讨论班,得到了华先生的指导与熏陶.数学所数论组的年轻人也把闵先生看成老师,常向他请教.两个摊子都搞解析数论,彼此关系很密切.这种情景构成了永远美好的回忆.

承洞性格开朗,心胸开阔,襟怀坦白.他还有一大优点,就是淡泊名利,不与人争.这在中国数学界是有口皆碑的,所以他有众多的朋友.我很喜欢与他交往,感到跟他在一起时,心情很舒畅.

承洞是很有才华的,早在他做学生时,就有突出贡献.他关于算术级数中最小素数的结果及关于哥德巴赫猜想的结果,虽已发表了约四十年,仍为国内外这方面研究的必引文献.这两项工作在历史上是可以留下痕迹的.毫无疑问,承洞与景润一起,无愧是华先生与闵先生在数论方面的继承人,他们也是中国年轻数学家学习的榜样."

潘承洞先生在培养人才方面很有战略考虑.如安排于秀源跟贝克搞超越数论,安排王小云搞数论密码学,并不反对蔡天新搞诗歌创作,使之成为现今数学界诗歌写得最棒、诗歌界数学成就最高的双料冠军.如今潘先生的弟子都已成为各领军人物.山东大学从展涛到刘建亚、西北大学张文鹏等创立的解析数论团队都早已枝繁叶茂在国内外均有一定影响.

本工作室现已再版了潘氏兄弟的多部专著.本次承潘承彪先生允诺出版本书,既是对本工作室的支持,也是对全国广大数论爱好者的支持,使我们有机会向潘承洞先生致敬,向解析数论的黄金时代致敬.

作家加缪说:“唯一的天堂是失去的天堂.”

不仅因为对失去的,我们才有追念,更重要的是,对失去的逝去的,我们才有虚构的可能.用今日今时的心境,将往日打磨得光亮生动,用今日的经历,将往日充实,用今日的目光,对往日进行审视,使之成为真正的天堂.

刘培杰

2017.6.6

于哈工大